APPLICATION AND PRACTICE
OF DEEP LEARNING IN DYNAMIC MEDIA

深度学习在动态媒体中的应用与实践

唐宏　陈麒　庄一嵘◎编著

人 民 邮 电 出 版 社

北 京

图书在版编目（ＣＩＰ）数据

深度学习在动态媒体中的应用与实践 / 唐宏，陈麒，庄一嵘编著. -- 北京：人民邮电出版社，2018.3
ISBN 978-7-115-48010-1

Ⅰ. ①深… Ⅱ. ①唐… ②陈… ③庄… Ⅲ. ①Linux操作系统 Ⅳ. ①TP316.85

中国版本图书馆CIP数据核字(2018)第053368号

内 容 提 要

本书是一本深度学习的基础入门读物，对深度学习的基本理论进行了介绍，主要以Ubuntu系统为例搭建了三大主流框架——Caffe、TensorFlow、Torch，然后分别在3个框架下，通过3个实战项目掌握了框架的使用方法，并详细描述了生产流程，最后讲述了通过集群部署深度学习的项目以及运营维护的注意事项。

本书适合对深度学习有浓厚兴趣的读者、希望用深度学习完成设计的计算机专业或电子信息专业的高校毕业生以及想从实战项目入手的深度学习研发工程师或算法工程师。

◆ 编　著　唐　宏　陈　麒　庄一嵘
　　责任编辑　李慧恬
　　责任印制　彭志环

◆ 人民邮电出版社出版发行　　北京市丰台区成寿寺路 11 号
　　邮编　100164　　电子邮件　315@ptpress.com.cn
　　网址　http://www.ptpress.com.cn
　　大厂聚鑫印刷有限责任公司印刷

◆ 开本：700×1000　1/16
　　印张：9.25　　　　　　　　　2018 年 3 月第 1 版
　　字数：100 千字　　　　　　　2018 年 3 月河北第 1 次印刷

定价：59.00 元

读者服务热线：(010)81055488　印装质量热线：(010)81055316
反盗版热线：(010)81055315

前　言

深度学习在被《MIT技术评论》评选为2013年世界十大突破性技术之首后，保持着迅猛发展的趋势，现已应用在人脸识别、自然语言处理、图像审核、车型识别、图像搜索等前沿技术中。作为目前热门的技术，很多计算机从业者、科研爱好者都对深度学习充满了好奇，但是由于深度学习涉及很多高深的数学原理，所以对于初学者而言，深度学习的入门门槛较高，急需一本以项目实战为主的书指引初学者登入深度学习的殿堂。市场中现有的关于深度学习的书籍大多偏重理论、公式的推导，缺乏实战的讲解，对读者从"入门到放弃"有很大的影响。本书注重实战项目的讲解，让读者从实战快速入门深度学习。

本书只涉及深度学习的基本原理，不过多纠结数学公式推导，能让读者快速上手书中的实战项目，用于实际生产。本书非常适合以下读者：对深度学习有浓厚兴趣的读者、希望通过深度学习完成设计的计算机专业或电子信息专业的高校毕业生、想从实战项目入手的深度学习研发工程师或算法工程师。

第一部分是概要，由两章构成。第1章主要从深度学习的发展、深度学习的应用、主流的几款深度学习框架的对比这3个方面，对深度学习进行了介绍。第2章主要从深度学习的基本概念、训练过程以及模型3个部分来阐述深度学习的基本理论。

第二部分是深度学习三大主流框架以及各个框架下的生产实例的详细介绍。第3章介绍了3种主流框架，分别是Caffe、TensorFlow、Torch，主要以 Ubuntu 系统为主，介绍了三大框架的安装过程，并记录了一些安装过程中的常见问题和解决方法，在每一个深度学习框架的最后，都利用该框架解决了一个实际生产问题。第 4、5、6 章分别是这 3 个框架应用于人脸识别、车辆识别、不良视频识别的生产实例，首先对项目进行了概述和需求分析，然后设计了项目系统，对功能和模块进行了描述，紧接着在 Ubuntu 系统上部署了生产环境，并对生产环境进行了验证，最后通过脚本实现了生产流程。

第三部分是集群部署和运营维护，也即第 7 章。首先阐述了由于深度学习框架部署的复杂性，引出了 Docker 容器，介绍了 Docker 的主要构成组件及其优点，然后以 TensorFlow 为例，详细介绍了基于 Docker 的 TensorFlow 实验环境搭建步骤。最后简单介绍了运营维护需要注意的要点。

中国电信股份有限公司广州研究院的农德华也参与了各章节的编写工作，卢琳完成了漫画配图的创作工作，在此对他们的辛勤付出表示衷心的感谢！此外，由于作者经验有限，书中难免有不妥之处，敬请读者批评指正。

编者

2018 年 1 月于广州

目　录

第1章　深度学习简介 ……………………………………………… 1

1.1　深度学习的发展 ………………………………………………… 1

1.2　深度学习的应用及研究方向 …………………………………… 3

1.3　深度学习工具介绍和对比 ……………………………………… 4

    1.3.1　Caffe ……………………………………………………… 4

    1.3.2　TensorFlow ……………………………………………… 5

    1.3.3　Torch ……………………………………………………… 6

1.4　小结 ……………………………………………………………… 7

第2章　深度学习基本理论 ……………………………………… 9

2.1　深度学习的基本概念 …………………………………………… 9

2.2　深度学习的训练过程 …………………………………………… 13

2.3　深度学习的常用模型和方法 …………………………………… 14

2.4　小结 ……………………………………………………………… 20

第3章　深度学习环境搭建 ……………………………………… 23

3.1　Caffe 安装 ……………………………………………………… 23

3.1.1　安装 Caffe 的相关依赖项 ························24

3.1.2　安装 NVIDIA 驱动 ····························24

3.1.3　安装 CUDA ·······························27

3.1.4　配置 cuDNN ·····························30

3.1.5　源代码编译安装 OpenCV ·······················32

3.1.6　编译 Caffe，并配置 Python 接口 ···················34

3.2　Caffe 框架下的 MNIST 数字识别问题 ·····················41

3.3　TensorFlow 安装 ······························42

3.3.1　基于 pip 安装 ····························42

3.3.2　基于 Anaconda 安装 ·······················46

3.3.3　基于源代码安装 ··························51

3.3.4　常见安装问题 ··························56

3.4　TensorFlow 框架下的 CIFAR 图像识别问题 ···············59

3.5　Torch 安装 ···························61

3.5.1　无 CUDA 的 Torch 7 安装 ·····················61

3.5.2　CUDA 的 Torch 7 安装 ·······················61

3.6　Torch 框架下 neural-style 图像合成问题 ·················62

3.7　小结 ····························74

第 4 章　人脸识别 ································75

4.1　人脸识别概述 ·····························75

4.2　人脸识别系统设计 ·························76

4.2.1　需求分析 ···························76

4.2.2　功能设计 ··························77

4.2.3　模块设计 ···························78

4.3　系统生产环境部署及验证 ·····················81

4.3.1　抽帧环境部署 ·······················81

2

4.3.2　抽帧功能验证 ·· 82

4.3.3　OpenFace 环境部署 ····································· 82

4.3.4　OpenFace 环境验证 ····································· 84

4.4　批量生产 ·· 90

4.5　小结 ·· 102

第 5 章　车辆识别 ·· **103**

5.1　概述 ·· 103

5.2　系统设计 ·· 104

5.2.1　需求分析 ·· 104

5.2.2　功能设计 ·· 104

5.2.3　模块设计 ·· 105

5.3　系统生产环境部署及验证 ······································ 106

5.3.1　生产环境部署 ·· 106

5.3.2　项目部署 ·· 107

5.3.3　环境验证 ·· 108

5.4　批量生产 ·· 109

5.5　小结 ·· 117

第 6 章　不良视频识别 ·· **119**

6.1　概述 ·· 119

6.2　不良图片模型简介 ·· 120

6.3　系统设计 ·· 122

6.4　系统部署及系统测试验证 ·· 123

6.5　批量生产 ·· 125

6.5.1　批量节目元数据信息检索与筛选 ··················· 125

3

6.5.2　基于 FFmpeg 的 SDK 抽取视频 I 帧 ……………………… 126

6.5.3　基于肤色比例检测的快速筛查 ………………………… 128

6.5.4　基于 Caffe 框架的不良图片检测 ………………………… 128

6.6　小结 ………………………………………………………… 129

第 7 章　集群部署与运营维护 ………………………………… **131**

7.1　认识 Docker …………………………………………………… 131

7.2　基于 Docker 的 TensorFlow 实验环境 …………………… 134

7.3　运营维护 ……………………………………………………… 137

7.4　小结 …………………………………………………………… 138

参考文献 …………………………………………………………… **139**

4

第1章
深度学习简介

最近几年，人工智能的概念已经深入人心，各类基于人工智能的技术已经开始进入普通人的生活，国内外各大知名企业纷纷将大量的人力物力投入其中。对于计算机相关行业来说，下一个战略要点是人工智能已经确凿无疑。当然，人工智能是一个很广义的概念，它有很多分支。本书所要讲述的深度学习就是人工智能旗下的其中一个分支，它也是机器学习的一种主要实现方式。为了更详细地了解深度学习，作者将从深度学习的发展、深度学习的应用以及主流的几款深度学习工具的对比等方面逐一进行介绍。

1.1 深度学习的发展

说到深度学习，就不得不说神经网络，它们两个应该说是同一概念在不同时代背景下的表现形式。神经网络诞生的发展总体上经历了 3 个阶段。

第一阶段，沃伦·麦卡洛克和沃尔特·皮茨在 1943 年发表的一篇名为 "A logical calculus of the ideas immanent in nervous activity" 的论文中提出了神经网络数学模型，这个模型的实现方式是通过从某种物体（无论是实物还是虚拟物体）中提取尽可能多的特征值，我们假设为 n，n 越大，对物体的分析就越具体，越趋近正确答案，然后我们通过上面的神经网络数学模型结构，对这些特征值加权并放入一些特定的阈值函数中，这就构成了一个最基础的神经网络算法，当我们输入一些特征值后，通过该函数处理就可以获得输出结果，该数据结果为 0 或 1，对应于逻辑判断的是和否，根据输出结果我们就能判断某个物体是否为这种指定物体。举个例子，我们收集了猫的尽可能多的特征值，并放入阈值函数中构成算法公式，这时我们再输入一个猫或其他的特征值，就能区分这个动物是否为猫，当然这是最基础的实现。

第二阶段，20 世纪 80 年代，反向传播算法和分布式的提出推动了新一轮的神经网络的发展，但是受限于当时的计算水平，神经网络的发展还是一度受阻。

第三阶段，到了 21 世纪初，CPU 的计算水平和 GPU 的图形处理能力大幅提升，计算水平已经不是神经网络发展的阻碍，并且由于大数据的发展，获取海量特征数据也不是难事，神经网络迎来全新的发展契机，从 2012 年至今，深度学习的搜索热度逐年上升，人类迎来了人工智能时代！

1.2 深度学习的应用及研究方向

深度学习的应用涉及机器学习的方方面面，除了人们所熟知的图像识别、语音识别等，还包括诸如自动驾驶、机器人、搜索排名、医疗诊断以及游戏等各个方面。

（1）图像识别

深度学习最开始运用在图像识别领域，像目前比较热门的无人驾驶、人脸识别等功能都是基于图像识别技术。图像识别的实现方式很多，但是基于深度学习的图像识别准确度更高。图像识别技术历久弥新，不管是现在还是未来，其在深度学习的推动下必将走向一个更辉煌的发展道路！

（2）语音识别

说到语音识别，不得不说到科大讯飞，它是中国最大的智能语音技术服务商，得益于人工智能的发展，科大讯飞的语音识别技术已经达到世界顶级水准，国内多家互联网巨头纷纷与其合作，语音识别的前景不言而喻，相信在未来的发展也无可限量。

（3）游戏对战

在游戏中加入 AI（人工智能）早已不是新鲜事，AI 的出现不仅让游戏变得不再那么简单乏味，而且添加了人与电脑的互动，这个就要拿典型案例英雄联盟来说说了。过去打人机都非常简单，玩家可以很轻易地预判 AI 的活动方式，但是 AI 将不再不堪一击，它们将会变得异常难以击败，对玩家的考验也非常大，在游戏行业，对 AI 的需求只会越来越大！

1.3　深度学习工具介绍和对比

深度学习的框架很多，作者选取了几个最流行的深度学习框架来分别讲述它们的优缺点，读者可以根据自己的实际情况选取适合自己的学习框架。

4

1.3.1　Caffe

Caffe 是一款老牌的深度学习框架，它主要运用在视频和图像处理等方面。对其他深度学习应用，比如文本、声音和时序数据等，Caffe 并不是一个好的选择。Caffe 实现基于 C/C++，它使用 MATLAB 和 Python 作为接口语言。

优点：

- 使用 Python 进行开发；

- 在前馈网络和图像处理上较好；

- 在微调已有网络方面较好；

- 不写任何代码就可训练模型。

缺点：

- 不擅长循环网络；

- 需要为新的 GPU 层编写 C++/CUDA ；

- 面对大型网络（GoogLeNet、ResNet）有点吃力 ；

- 不可扩展 ；

- 无商业化支持。

1.3.2　TensorFlow

谷歌作为科技界的龙头老大，也有自己的深度学习框架——TensorFlow，TensorFlow 的出现基本上取代了 Theano 框架，当然读者可以发现这两个框架的众多雷同之处。

和大部分深度学习框架的编程语言类似，TensorFlow 框架语言使用 C/C++，使用 C 语言的引擎机制可以加速其运行，接口语言使用 Python。对于有众多开发者的 Java 社区来说这并不友好，当然 Java 受制于其虚拟机的原因并不是很适合于深度学习。

TensorFlow 的框架不仅解决深度学习方面的问题，也涉及强化学习等其他算法。

优点 ：

- 计算图抽象，如同 Theano ；

- 比 Theano 的编译速度更快 ；

- 进行可视化的 TensorBoard ；

- 数据和模型并行 ；

- GitHub 社区非常活跃，远超其他深度学习框架的活跃度。

缺点：

- 比其他框架慢；

- 预训练模型不多；

- 计算图是纯 Python 的，因此更慢；

- 无商业化支持；

- 需要退出到 Python 才能加载每个新的训练批处理（Batch）；

- 不能进行太大的调整；

- 在大型软件项目上，动态键容易出错。

1.3.3 Torch

Torch 是用 Lua 语言编写的面向机器学习算法的计算框架。这个框架深受大型科技公司如 Facebook、Twitter 等的喜爱，也广泛地运用在它们的内部项目中，它们拥有专门的内部团队开发自己的深度学习平台。

优点：

- 很多容易结合的模块碎片；

- 易于编写自己的层类型和在 GPU 上运行；

- Lua（大部分库代码是 Lua 语言，易于读取）；

- 大量的预训练模型。

缺点：

- Lua 是小众语言；

- 需要编写自己的训练代码；

- 对循环神经网络不太好；

- 没有商业化支持；

- 糟糕的文档支持；

- 不能即插即用。

其他的深度学习框架如 Theano、CNTK、DSSTNE 和 MXNet 等在这里就不做介绍，读者可以自行搜索相关资料。这里值得一提的是国内的百度公司也推出了自己的深度学习框架——PaddlePaddle，作者没有深入地研究这个框架，不过相比于国外的深度学习框架，这款国内的框架应该会更容易上手，毕竟没有语言障碍。当然其官网提供的模型和案例也很丰富，唯一的缺点是只支持在 Docker 中使用，所以还需要使用者有 Docker 的基础，算是一点小小的遗憾吧。

1.4　小结

本章从深度学习的发展、应用以及主流的几款深度学习工具的对比 3 个方面，对深度学习进行了阐述。其中介绍主流的深度学习工具时，以目前最流行的 Caffe、TensorFlow 和 Torch 这三大框架为例，介绍了它们的基本概念并比较了其优缺点。

AI 是一个跨学科的领域，生理学也可助力 AI 的发展！

第 2 章
深度学习基本理论

　　深度学习是使机器实现人工智能的重要算法之一，最近几年，深度学习技术突飞猛进，人们通过程序使计算机逐步能处理"抽象概念"这个难题，从而使计算机和人工智能的鼻祖——图灵在 20 世纪 50 年代提出的"图灵测试"有了实质性的进展。

　　本章的重点是深度学习的基础理论，主要包含深度学习的基本概念、训练过程以及模型 3 个部分。

2.1　深度学习的基本概念

　　在开始介绍深度学习的基本概念之前，我们先对深度学习的前身——人工智能和机器学习进行了解。

（1）人工智能（Artificial Intelligence）

人工智能的概念于 20 世纪 50 年代被提出，它的主体是机器，人工智能的本意是给机器赋予人的智能，它的一个理想的愿景是：跟人的本质一样，有思维、有情感、会劳动等。怎么判断机器和人是否一样呢？这就是图灵提出的图灵试验，让人隔着墙跟机器对话，当人分不清墙的那边是人还是机器时，就基本实现了人工智能，但是人经过了几百万年才进化到现在的样子，人的大脑的结构非常复杂，要想利用一些金属或塑料造出和人一样的物种，还是很有难度的，所以狭义的人工智能是指由程序操控的机器，它能比人更好地执行特定的任务，比如计算器就是人工智能的一种应用。在它上面按数字、加减乘除、乘方、开方，它马上能给出一个结果，人能不能算这些呢？也能，但是绝大多数人没有这么快。

（2）机器学习（Machine Learning）

单从字面上并不能完全理解它的含义，一般情况下，首先通过预先设定的算法解析输入的数据，并在解析算法的过程中，从数据中进行学习，不断优化算法，最后建立一个能对之前训练数据做出决策和预测的模型。我们可以发现之前举的计算器的例子就不是机器学习了，因为它没有学习的概念。机器学习针对不同领域、不同场景，有着不同应用的算法，因此它被广泛应用于图像识别、语音识别、自然语言理解、天气预测和内容推荐等研究领域，但是却有一套解决问题的常规思路：获取数据—预处理—特征提取—特征选择—预测识别。由于算法不能考虑到一个场景的所有情况，这样就会有很多局限性，比如识别一片树叶，如果考虑光照、天气等因素，对算法的顽健性要求就会非常高，而且特征提取一般要人工干预。所以机器学习虽然有几十年的发展历史，但是在实际应用中，还是存在很多限制，通常算法不具有普适性。

机器学习的第一次浪潮开始于浅层学习的研究进展，它的标志是人工神经网络的反向传播算法。浅层学习已经具备了深度学习的雏形，反向传播算法通过模拟人类大脑的神经网络，创建了一个人工神经网络模型，从大量的训练数据中让机器自动学习统计规律，再对未知的事件进行预测，相比于传统的机器学习算法，该人工神经网络的模型在很多方面已经显示出了优越性，但是它有一个缺陷：只含有一层隐层节点，模型构造非常简单。如果加上输入层和输出层，也被称为多层感知机。而后出现的支撑向量机（Support Vector Machine，SVM）、Boosting、最大熵方法（如 Logistic Regression，LR）等浅层机器学习模型，在理论分析和应用中都取得了巨大的成功，此时由于理论分析难度大、训练方法又需要很多经验与技巧，研究浅层人工神经网络的学者越来越少。

（3）深度学习（Deep Learning）

深度学习是机器学习的第二次浪潮，以加拿大多伦多大学教授、机器学习领域的泰斗杰弗里·辛顿和他的学生拉斯·萨拉克赫迪诺弗在《科学》杂志上发表的一篇文章"A fast learning algorithm for deep belief nets"为标志。深度学习的别名为 Unsupervised Feature Learning，意为不要人参与特征的选取过程，而是通过算法去自动学习良好的特征。它的两个特征：多隐层的人工神经网络具有优异的特征学习能力，学习得到的特征对数据有更本质的刻画，从而有利于可视化或分类；深度神经网络在训练上的难度，可以通过"逐层初始化（Layer-Wise Pre-Training）"来有效克服，这正是为解决浅层学习的痛点而产生的技术。深度神经网络建立在人工神经网络的基础上，是一种实现机器学习的技术。深度的"深"是指神经网络结构的层数多，而多层的好处在于可以用较少的参数来表示复杂的函数，通过训练原始数据，把网络层输入的权值调节地非常精确，使正确输出结果的概率接近1。在深度学习中，涉及大量的矩阵计算，随着 GPU 的广泛应用，并行计算变得更快、更便宜、更有效，深度学习才得以走进人们的视线，对人工智能的贡献越来越大。

深度学习与含多隐层的机器学习模型和海量的训练数据密不可分，通过已有模型和数据构建新模型，经过不断的训练来学习数据中最有用的特征，最终达到提高分类和预测准确性的目的。它与传统的浅层学习相比，不同在于：结构深，现在已经有隐层多至 100 层的深度神经网络；强调特征学习的重要性。通过逐层特征变换，将数据在原空间的特征表示变换到一个新的特征空间，利用大数据来学习特征，更能刻画数据的内在信息，从而达到精确分类的效果。

那么一个深度学习的模型需要多少层才合适呢？要用什么架构？怎么来建模呢？上述所提到的非监督训练又该怎么做呢？

假设有一个系统 S，被设计成 n 层（S_1, …, S_n），其输入是 I，输出是 O，如果最终系统的输出 O 等于输入 I，即输入经过 S_1, S_2, …, S_n 之后，没有任何的信息损失。根据信息逐层丢失理论：设处理 a 信息之后得到 b，对 b 进行处理得到 c，那么 a 和 c 的互信息不会超过 a 和 b 的互信息。也即表示信息处理不会增加信息，相反大部分的信息会丢失掉。回到之前的系统 S 来说，一般情况下不存在输出 O 等于输入 I 的情况。上述的表达已经很接近深度学习的基本思想了，虽然输出 O 不会完全等于输入 I，但是可以通过调整系统各层的参数，获取输入 I 的一系列层次特征 S_1，S_2，…，S_n，使最终的输出 O 与输入 I 的偏差尽可能小，通过堆叠多个层，把上一层的输出作为下一层的输入，实现对输入信息的分级表达形式，这就是 Deep Learning 的基本思想。

2.2　深度学习的训练过程

上面提到的人工神经网络慢慢淡出人们的视野的原因主要有：比较容易过拟合，参数很难调整到合适的值，而且初始化参数也需要一定的技巧；训练速度慢，在包含隐层的情况下，总层次少于或等于 3 时，其预测效果并不比 SVM 和 Boosting 算法好。

深度学习采用了与人工神经网络不同的训练方法，来解决后者在训练上遇到的问题。前者采用的是反向传播算法：首先随机设定初值，采用迭代的方法训练整个网络，用当前网络的输出与系统设定的输出的差值反向调整前面各层的参数，直到参数收敛；后者采用的是逐层训练机制，因为对于深度神经网络来说，当隐层超过一定数量时，残差将失去调整系统参数的功能，从而会出现梯度扩散，因为深度结构的非凸目标代价函数很难获取其局部最小值，也即无法获取最优解。对于深度神经网络而言，如果对所有层同时进行训练，时间复杂度无疑会太高，而如果只训练一层，偏差就会逐层传递，导致每一层的参数都训练不佳，从而模型出现欠拟合的状况。

辛顿在 2006 年提出了在无监督数据上建立多层神经网络的方法，可分为两步：首先单独训练一层网络，然后进行调优。

步骤 1 首先逐层训练一个单层网络，构建单层神经元。

步骤 2 当步骤 1 完成后，使用 Wake–Sleep 算法对每一层进行调优训练。

深度学习的具体训练过程如下。

步骤 1 使用非监督学习，也即从底层开始，一层一层地往顶层训练。利用已标定的数据或无标定数据分层训练各层参数，这一步可以看作一个无监督训练过程，是和传统神经网络区别最大的部分。

步骤 2 自顶向下的监督学习，也即通过带标签的数据训练模型，误差自顶向下传输，对网络进行微调。

2.3 深度学习的常用模型和方法

（1）自动编码器（AutoEncoder）

深度学习中最简单的一种方法是人工神经网络（Artificial Neural Network，ANN），人工神经网络本身就是具有层次结构的系统，如果给定一个神经网络，我们假设其输出 O 与输入 I 是相同的，然后训练调整其参数，得到每一层中的权重。然后我们就得到了输入 I 的几种不同表示（每一层代表一种表示），这些表示就是由数据提炼得到的特征。自动编码器就是一种尽可能复现输入信号的神经网络。为了实现这种复现，自动编码器就必须捕捉可以代表输入数据的最重要的因素，就像 PCA（Principal Components Analysis，主成分分析）技术那样，找到可以代表原信息的主要成分。

（2）稀疏编码（Sparse Coding）

稀疏编码算法属于无监督学习方法，它通过寻找一组"超完备"基向量来高效地表示样本数据。虽然形如主成分分析技术能使我们方便地找到一组"完备"基向量，但是这里我们想要做的是找到一组"超完备"基向量来表示输入向量（也就是说，基向量的个数比输入向量的维数大）。"超完备"基的优点在于该组基能更有效地找出隐含在输入数据内部的结构与模式，也即能更好地表示输入数据的特征。在稀疏编码算法中，我们另加了一个评判标准"稀疏性"来解决因超完备而导致的退化(Degeneracy)问题。

（3）限制玻尔兹曼机（Restricted Boltzmann Machine，RBM）

假设有一个二部图，每一层的节点之间没有链接，一层是可视层，即输入数据层（v），一层是隐藏层（h），如果假设所有的节点都是随机二值变量节点（只能取 0 或者 1 值），同时假设全概率分布 $p(v, h)$ 满足 Boltzmann 分布，我们称这个模型为 RBM。

首先，因为这个模型是二部图，所以在已知 v 的情况下，所有的隐藏节点之间是条件独立的（因为节点之间不存在连接），即 $p(h|v)=p(h_1|v) \cdots p(h_n|v)$。同理，在已知隐藏层 h 的情况下，所有的可视节点都是条件独立的。同时又由于所有的 v 和 h 满足 Boltzmann 分布，因此，当输入 v 的时候，

通过 $p(h|v)$ 可以得到隐藏层 h，而得到隐藏层 h 之后，通过 $p(v|h)$ 又能得到可视层，通过调整参数，使得从隐藏层得到的可视层 v_1 与原来的可视层 v 一样，那么得到的隐藏层就是可视层的另外一种表达，因此隐藏层可以作为可视层输入数据的特征，所以它也是一种 Deep Learning 方法。

（4）深度置信网络（Deep Belief Network，DBN）

DBN 是一个概率生成模型，在开始训练的时候，通过非监督贪婪逐层算法去预训练，获取生成模型的权值。在这个训练阶段，在可视层会产生一个向量 v，通过它将值传递到隐层。反过来，可视层的输入会被随机地选择，以尝试去重构原始的输入信号。最后，这些新的可视的神经元激活单元将前向传递重构隐层激活单元，获得 h（在训练过程中，首先将可视向量值映射给隐单元；然后由隐层单元重建可视单元；这些新可视单元再次映射给隐单元，这样就能获取新的隐单元。这些后退和前进的步骤就是我们熟悉的 Gibbs 采样，而隐层激活单元和可视层输入之间的相关性差别就可作为权值更新的主要依据。

训练时间会显著地减少，因为只需要单个步骤就可以接近最大似然学习。网络的每一层都会改进训练数据的对数概率，可以理解为越来越接近能量的真实表达。在最高两层，权值被连接到一起，这样更低层的输出将会提供一个参考的线索或关联给顶层，这样顶层就会将其联系到它的记忆内容。而我们最关心的是分类任务里面的判别性能。

在预训练后，DBN 可以通过利用带标签数据用 BP 算法对判别性能做调整。在这里，一个标签集将被附加到顶层（推广联想记忆），通过一个自下向上的、学习到的识别权值获得一个网络的分类面。这个性能会比单纯的 BP 算法训练的网络好。这可以很直观地解释，DBN 的 BP 算法只需要对权值参数空间进行一个局部的搜索，这与前向神经网络相比，训练快，而且收敛的时间也少。

（5）卷积神经网络（Convolutional Neural Network，CNN）

人工神经网络中还包含了我们熟知的卷积神经网络，目前该网络已成为当前语音分析和图像识别领域的研究热点。它的一个主要特点是权值共享，该网络结构高度模拟了生物的神经网络，通过减少权值的数量来降低模型的复杂度。具有权值共享特点的卷积神经网络在输入是多维图像时尤为明显。它能将图像直接作为网络的输入，从而避免了传统识别算法中复杂的特征提取过程。

CNN 起源于早期的延时神经网络，后者通过在时间维度上共享权值降低学习复杂度，适用于语音和时间序列信号的处理，使 CNN 成为了第一个成功训练多层网络结构的学习算法。它利用空间关系减少需要学习的参数数目，以提高一般前向 BP 算法的训练性能。CNN 作为一个深度学习架构被提出是为了使数据的预处理要求最小化。在 CNN 中,图像的一小部分(局部感受区域)作为层级结构最底层的输入，信息再依次传输到不同的层，每层通过一个数字滤波器去获得观测数据最显著的特征。这个方法能够获取平移、缩放和旋转不变的观测数据的显著特征，因为图像的局部感受区域允许神经元或处理单元可以访问到最基础的特征，例如定向边缘或者角点。

1962年休博尔和维瑟尔通过对猫视觉皮层细胞的研究，提出了感受野（Receptive Field）的概念。1984年日本学者福岛基于感受野概念提出了神经认知机（Neocognitron），它是卷积神经网络的第一个实现网络，也是感受野概念在人工神经网络领域的首次应用。神经认知机将一个视觉模式分解成许多子模式（特征），然后进入分层递阶式相连的特征平面进行处理，它试图将视觉系统模型化，使其能够在即使物体有位移或轻微变形的时候，也能完成识别。

卷积神经网络是一个多层的神经网络，每层由多个二维平面组成，而每个平面由多个独立神经元组成。

如图2-1，输入的图像通过和3个可训练的滤波器进行卷积，卷积后加上偏置在 C_1 层产生3个特征映射图，然后对特征映射图中每组的4个像素进行求和、加权值、加偏置，通过一个 Sigmoid 函数得到3个 S_2 层的特征映射图。这些映射图再经过滤波得到 C_3 层。这个层级结构再和 S_2 一样产生 S_4。最终，这些像素值被光栅化，并连接成一个向量输入传统的神经网络，得到输出。

一般地，图2-1中的 C_1、C_3 统称为 C 层，是特征提取层，每个神经元的输入与前一层的局部感受野相连，并提取该局部的特征，一旦该局部特征被提取，它与其他特征间的位置关系也随之确定下来；S_2、S_4 统称为 S 层，是特征映射层，网络的每个计算层由多个特征映射组成，每个特征映射为一个平面，平面上所有神经元的权值相等。特征映射结构采用 Sigmoid 函数作为卷积网络的激活函数，使得特征映射具有位移

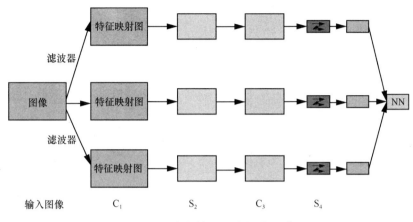

图 2-1　卷积神经网络概念示范

不变性。

　　此外，由于一个映射面上的神经元共享权值，因而减少了网络自由参数的个数，降低了网络参数选择的复杂度。卷积神经网络中的每一个特征提取层（C层）都紧跟着一个用来求局部平均与二次提取的计算层（S层），这种特有的两次特征提取结构使网络在识别时对输入样本有较高的畸变容忍能力。

　　卷积网络的核心思想是将局部感受野、权值共享（或权值复制）以及时间或空间亚采样这3种结构思想结合起来获得某种程度的位移、尺度、形变不变性。

　　深度学习是关于自动学习要建模的数据的潜在（隐含）分布的多层（复杂）表达的算法。换句话说，深度学习算法自动提取分类需要的低层次或高层次特征。高层次特征是指该特征可以分级（层次）地依赖其他特征，例如：对于机器视觉，深度学习算法从原始图像去学习得到它的一个低层次表达，例如边缘检测器、小波滤波器等，然后在这些低层次表达的基础上再建立表达，例如对这些低层次表达进行线性或非线性组合，然后重复这个过程，最后得到一个高层次的表达。

深度学习能够得到更好的表示数据的特征（Feature），同时由于模型的层次、参数很多，能力足够，因此，模型有能力表示大规模数据，所以对于图像、语音这种特征不明显（需要手工设计且很多没有直观物理含义）的问题，能够在大规模训练数据上取得更好的效果。此外，从模式识别特征和分类器的角度，深度学习框架将特征和分类器结合到一个框架中，用数据去学习特征，在使用中减少了手工设计特征的巨大工作量（这是目前工业界工程师付出努力最多的方面），不仅效果可以更好，而且使用起来也很方便，因此，深度学习框架是十分值得关注的一套框架，每个做深度学习的人都应该关注了解一下。

2.4 小结

本章主要从深度学习的基本概念、训练过程以及模型 3 个部分来阐述深度学习的基本理论。首先介绍了人工智能、机器学习和深度学习的基本概念，明确了深度学习的基本思想，紧接着对深度学习的训练过程进行过程分析，最后详细介绍了深度学习常用的模型和方法。

图灵测试是人工智能乃至计算机史上的一个标志性事件。

21

第 3 章
深度学习环境搭建

根据第 1 章的介绍，决定在 Ubuntu 系统下部署 Caffe、Torch 环境以及在 Windows 系统下部署 TensorFlow 环境。下面依次对其进行介绍。

3.1 Caffe 安装

考虑到安装好的深度学习环境最终也是人脸识别、车辆识别等项目的生产环境，根据已有硬件设备，最终选定了惠普 DL380 G9 服务器和 NVIDIA Tesla K40M 的计算卡。

服务器的配置如下。

系统：Ubuntu 16.04.5 LTS 64 bit；

CPU：Intel（R）Xeon（R）CPU E5-2690 v3 @ 2.60 GHz ×48；

内存：16 GB。

3.1.1 安装 Caffe 的相关依赖项

（1）首先，安装 Git。Git 的作用是从 GitHub 上下载 Caffe 源码。

```
$sudo apt-get install git
```

（2）接着进行依赖项的安装。

```
$sudo apt-get install libprotobuf-dev libleveldb-dev libsnappy-dev
libopencv-dev
$sudo apt-get install libhdf5-serial-dev protobuf-compiler
$sudo apt-get install --no-install-recommends libboost-all-dev
$sudo apt-get install libatlas-base-dev
$sudo apt-get install python-dev
$sudo apt-get install libgflags-dev libgoogle-glog-dev liblmdb-dev
sudo apt-get install pip
sudo pip install scikit-image
sudo pip install numpy
sudo apt install python-pip
sudo apt-get install cmake
```

3.1.2 安装 NVIDIA 驱动

（1）查询 NVIDIA 驱动

首先去官网（http://www.nvidia.com/Download/index.aspx?lang=en-us）查看适合自己显卡的驱动，如图 3-1 所示，此时注意 CUDA 的版本。

图 3-1　NVIDIA 官网查询驱动

查询到的结果如图 3-2 所示。

TESLA DRIVER FOR UBUNTU 16.04

版本：	384.81
发布日期：	2017.9.25
操作系统：	Linux 64-bit Ubuntu 16.04
CUDA Toolkit:	9.0
语言：	Chinese (Simplified)
文件大小：	97.43 MB

图 3-2　NVIDIA 官网查询驱动结果

（2）安装 NVIDIA 驱动

安装之前需要先卸载已经存在的驱动版本。

sudo apt-get remove --purge nvidia*

若服务器是集成显卡，需要在安装之前执行下面这条命令，如是 NVIDIA 独立显卡，则可忽略此步骤。

sudo service lightdm stop

执行以下指令安装驱动：

```
sudo add-apt-repository ppa:xorg-edgers/ppa

sudo apt-get update

# 注意输入服务器所对应的显卡驱动

sudo apt-get install nvidia-384

# 对应上面的 sudo service lightdm stop 语句

sudo service lightdm start
```

输入以下指令验证安装是否完成：

```
sudo nvidia-smi
```

若出现下面的错误：

```
NVIDIA-SMI has failed because it couldn't communicate with the NVIDIA driver. Make sure

that the latest NVIDIA driver is installed and running.
```


则在重启服务器后，在命令行中重新输入 nvidia-smi，若列出如图 3-3 所示信息，则表示驱动安装成功。

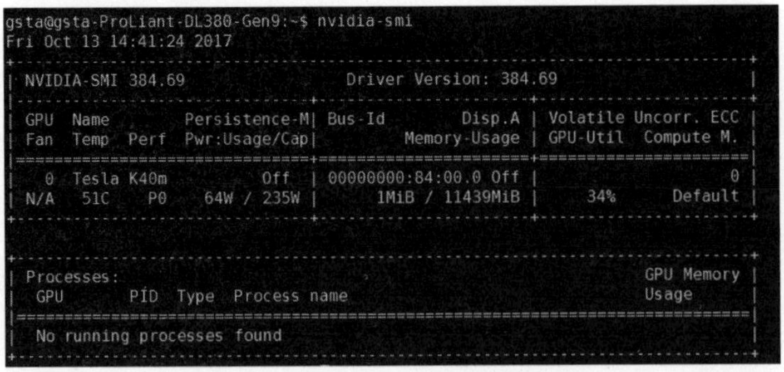

```
gsta@gsta-ProLiant-DL380-Gen9:~$ nvidia-smi
Fri Oct 13 14:41:24 2017
+-----------------------------------------------------------------------------+
| NVIDIA-SMI 384.69                 Driver Version: 384.69                    |
|-------------------------------+----------------------+----------------------+
| GPU  Name        Persistence-M| Bus-Id        Disp.A | Volatile Uncorr. ECC |
| Fan  Temp  Perf  Pwr:Usage/Cap|         Memory-Usage | GPU-Util  Compute M. |
|===============================+======================+======================|
|   0  Tesla K40m          Off  | 00000000:84:00.0 Off |                    0 |
| N/A   51C    P0    64W / 235W |      1MiB / 11439MiB |     34%      Default |
+-------------------------------+----------------------+----------------------+

+-----------------------------------------------------------------------------+
| Processes:                                                       GPU Memory |
|  GPU       PID   Type   Process name                             Usage      |
|=============================================================================|
|  No running processes found                                                 |
+-----------------------------------------------------------------------------+
```

图 3-3　验证 GPU 是否安装成功

如图 3-3 所示，是在服务器上安装好显卡驱动后，计算卡 Tesla K40M 的信息。

第一栏 Fan：表示风扇，N/A 是风扇转速，0~100%。有些服务器由于是通过风扇冷却，不会返回转速。

第二栏 Temp：表示温度，单位是℃。

第三栏 Perf：表示性能状态，P0~P12，数字越小，性能越大，如 P12 表示状态最小性能。

第四栏下方的 Pwr：表示功率，其上方的 Persistence-M 意为持续模式，这里显示的是 off 的状态。

另外几个部分再进行简要介绍：Bus-Id 是与 GPU 总线有关的概念，Disp.A 是 Display Active 的缩写，表示 GPU 的显示是否进行了初始化。Memory Usage 表示显存使用率。图 3-3 中最下面的 Processes 表示每个进程占用的显存使用率。

3.1.3　安装 CUDA

CUDA（Compute Unified Device Architecture，统一计算设备架构）是 NVIDIA 的编程语言平台，要想使服务器上的代码在 GPU 下运行，必须安装 CUDA。

（1）下载 CUDA

首先在官网上（https://developer.nvidia.com/cuda-downloads）下载 CUDA，选择 CUDA 安装环境如图 3-4 所示。

图 3-4　选择 CUDA 安装环境

点击 Download 按钮，下载 CUDA 如图 3-5 所示。

图 3-5　下载 CUDA

（2）安装 CUDA

sudo sh cuda_9.0.176_384.81_linux.run

注意：执行上面这条语句后，会接连有一系列的提示让你确认，其中有一条需特别注意：提示是否安装 NVIDIA367.48 驱动时，一定要选择"否"，因为这个是旧版的驱动，而且前面已经安装了最新的 NVIDIA384 版本驱动，这里输入"n"即可。其余的都直接默认或选择"是"即可。

Do you accept the previously read EULA?

accept/decline/quit: accept

Install NVIDIA Accelerated Graphics Driver for Linux−x86_64 367.48?

(y)es/(n)o/(q)uit: n

Install the CUDA 9.0 Toolkit?

(y)es/(n)o/(q)uit: y

Enter Toolkit Location

[default is /usr/local/cuda−9.0]:

Do you want to install a symbolic link at /usr/local/cuda?

(y)es/(n)o/(q)uit: y

Install the CUDA 9.0 Samples?

(y)es/(n)o/(q)uit: y

Enter CUDA Samples Location

[default is /home/gsta]:

Installing the CUDA Toolkit in /usr/local/cuda−9.0 ...

（3）环境变量配置

输入下面的命令，对 ~/.bashrc 文件进行编辑：

sudo vim ~/.bashrc

然后把以下内容输入 ~/.bashrc 文件的末尾：

export PATH=/usr/local/cuda−9.0/bin${PATH:+:${PATH}}

export LD_LIBRARY_PATH=/usr/local/cuda−9.0/lib64${LD_LIBRARY_PATH:+:${LD_LIBRARY_PATH}}

（4）测试 CUDA 的 sample

```
cd /usr/local/cuda-9.0/samples/1_Utilities/deviceQuery # 由自己电脑目录决定

make

sudo ./deviceQuery
```

如果能显示如下的 GPU 等信息，则说明安装成功。CUDA 安装成功后显示的显卡信息如图 3-6 所示。

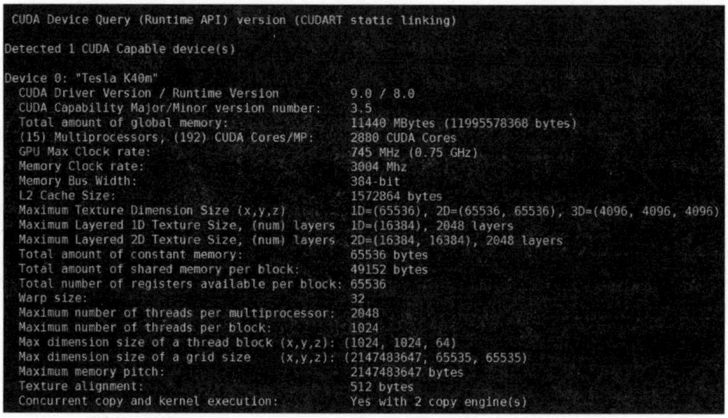

图 3-6　CUDA 安装成功后显示的显卡信息

3.1.4　配置 cuDNN

cuDNN（CUDA Deep Neural Network）是 GPU 在计算时用于加速的深层神经网络的库。配置 cuDNN 的过程，可以说非常简单，就是复制几个库文件和头文件到服务器指定的目录，具体如下：把头文件复制到 /usr/local/cuda/lib64 目录，将库文件复制到 /usr/local/cuda/include 目录。

首先去官网（https://developer.nvidia.com/rdp/cudnn-download）下载

cuDNN，需要注册一个账号进行下载，由于之前安装的 CUDA 的 Runtime
Version 版本是 8.0，所以下载 cuDNN 的版本号如图 3-7 所示，注意 CUDA
和 cuDNN 的版本要对应。

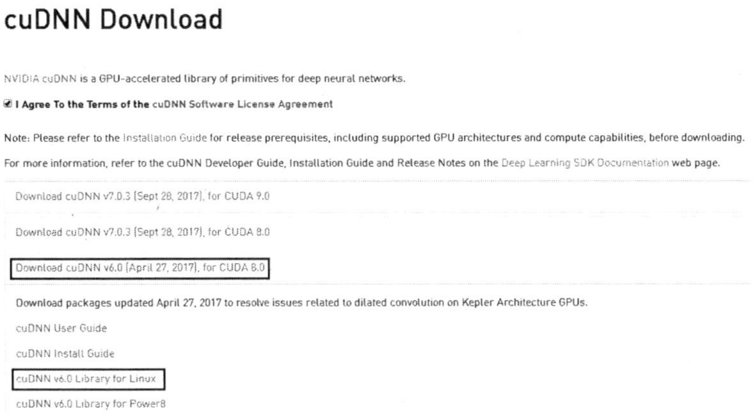

cuDNN Download

NVIDIA cuDNN is a GPU-accelerated library of primitives for deep neural networks.

☑ **I Agree To the Terms of the cuDNN Software License Agreement**

Note: Please refer to the Installation Guide for release prerequisites, including supported GPU architectures and compute capabilities, before downloading.

For more information, refer to the cuDNN Developer Guide, Installation Guide and Release Notes on the Deep Learning SDK Documentation web page.

Download cuDNN v7.0.3 (Sept 28, 2017), for CUDA 9.0

Download cuDNN v7.0.3 (Sept 28, 2017), for CUDA 8.0

Download cuDNN v6.0 (April 27, 2017), for CUDA 8.0

Download packages updated April 27, 2017 to resolve issues related to dilated convolution on Kepler Architecture GPUs.

cuDNN User Guide

cuDNN Install Guide

cuDNN v6.0 Library for Linux

cuDNN v6.0 Library for Power8

图 3-7　cuDNN 下载示意

下载后，用 cd 命令进入文件包目录下，对 cuDNN6.0 进行解压：

tar –xvf cudnn–8.0–linux–x64–v6.0.tgz

解压完成后，进入解压后的 include 目录下，通过命令行进行如下操作。

复制头文件：

sudo cp cudnn.h /usr/local/cuda/include/

再用 cd 命令进入 lib64 目录，在命令行进行如下操作。

复制动态链接库：

sudo cp lib* /usr/local/cuda/lib64/

删除原有动态文件：

cd /usr/local/cuda/lib64/

```
sudo rm –rf libcudnn.so libcudnn.so.6
```

生成软链接（注意这里要和自己下载的 cuDNN 版本对应，可以在 /usr/local/cuda/lib64 下查看自己 libcuDNN 的版本）：

```
sudo ln –s libcudnn.so.6.0.21 libcudnn.so.6

sudo ln –s libcudnn.so.6 libcudnn.so    #生成软链接
```

链接完配置（Config）更新：

```
sudo ldconfig
```

到目前为止，我们已经完成了 CUDA 和 cuDNN 的安装。

3.1.5 源代码编译安装 OpenCV

（1）从下面的网页中下载 OpenCV 源代码：

```
https://github.com/OpenCV/OpenCV/releases/tag/3.3.0
```

打开网页链接之后，点击图 3-8 中方框部分，进行下载，把下载好的 OpenCV-3.3.0.zip 放在 Ubuntu 系统中适当的目录。

图 3-8 下载 OpenCV 源码

（2）安装 pkg-config 指令：

```
sudo apt-get install pkg-config

sudo apt-get install libgtk2.0-dev

sudo apt-get install libavcodec-dev

sudo apt-get install libavformat-dev

sudo apt-get install libswscale-dev

sudo apt-get install libjpeg-dev

sudo apt-get install libpng-dev

sudo apt-get install libtiff-dev

sudo apt-get install libjasper-dev

sudo apt-get install libdc1394-22-dev
```

（3）解压并编译 OpenCV：

```
unzip OpenCV-3.3.0.zip

cd OpenCV-3.3.0

cd ..
```

在 OpenCV-3.3.0 目录之外建立文件夹 my_build_dir，然后在这个目录里面执行 cmake 的原因是不要在源代码内部直接编译程序，以免污染源代码，发生不必要的错误

```
sudo mkdir my_build_dir

cd my_build_dir

sudo  cmake ../OpenCV-3.3.0 –DWITH_GTK_2_X=ON –DCMAKE_
```

```
INSTALL_PREFIX=/usr/local

sudo make –j8

sudo make install
```

编译完成之后，运行 Python，在其环境下测试是否完成了 OpenCV 的

安装：

```
Python 2.7.12（default, Nov 19 2016, 06:48:10）

[GCC 5.4.0 20160609] on linux2

Type "help"，"copyright"，"credits" or "license" for more information.

>>> import cv2

>>> cv2.__version__

'3.3.0'
```

到目前为止，成功安装了 OpenCV 3.3.0。

3.1.6 编译 Caffe，并配置 Python 接口

（1）下载 Caffe 源码。选定下载的目录，从 GitHub 上获取 Caffe。

```
$git clone https://github.com/bvlc/caffe.git
```

（2）安装 Caffe 依赖的 Python 库。在上一步源代码下载完成之后，进

入 Caffe 文件夹里面的 Python 文件夹，然后再输入：

```
cd ~/caffe/python

$for req in $（cat requirements.txt）; do sudo pip install $req; done
```

可以看到服务器会依次安装 requirements.txt 文本中的内容。

（3）生成 Makefile.config 文件。因为 make 命令无法运行 Makefile. config.example，而 Makefile.config.example 是 Caffe 给出的 Makefile 例子，因此，可以将其内容复制到一个新文件 Makefile.config，再对 Makefile.config 这个文件进行操作。

$cp Makefile.config.example Makefile.config

（4）打开并修改配置文件 Makefile.config，注意当前用户是否具有修改该文件的权限。

打开配置文件：

#sudo vim Makefile.config

根据个人情况修改配置文件。

若使用 cuDNN，则将：

#USE_CUDNN := 1

修改成：

USE_CUDNN := 1

将 INCLUDE_DIRS 和 LIBRARY_DIRS 的路径分别增加 /usr/include/ hdf5/serial 和 /usr/lib/x86_64-linux-gnu/hdf5/serial，这是因为如果不添加路径，后面在编译 Pycaffe 的时候会出现致命差错（Fatal Error）：hdf5.h 的错误。

Whatever else you find you need goes here.

INCLUDE_DIRS := $（PYTHON_INCLUDE）/usr/local/include /usr/ include/hdf5/serial

```
LIBRARY_DIRS:= $（PYTHON_LIB）/usr/local/lib /usr/lib /usr/lib/
x86_64-linux-gnu/hdf5/serial
```

（5）打开并修改配置文件 /etc/profile。

```
#sudo vim /etc/profile
```

在这个配置文件的开头添加 PYTHONPATH：Caffe 下 Python 文件夹绝对路径。

```
# /etc/profile: system-wide .profile file for the Bourne shell（sh（1））
# and Bourne compatible shells（bash（1），ksh（1），ash（1），…）.
export  PYTHONPATH=/~/caffe/python:$PYTHONPATH
```

保存再退出该配置文件之后，输入 $ source /etc/profile，使修改内容生效。

```
$ source /etc/profile
```

（6）下面进行 Caffe 以及 Caffe 的 Python 接口配置编译。

```
$ cd caffe
$ make pycaffe
$ make all
$ make test
$ make runtest
```

这个 make 后面如果不接参数，默认表示只使用 CPU 单核进行运算，如果想要快一点，比如想使用四核，当然前提是服务器的硬件支持，则可以在 make 后面加上参数"-j4"。

如果上面的 make 命令运行出错了，建议排查问题后，输入 make clean

再重新 make。

至此，Caffe 以及 Caffe 的 Python 接口编译顺利完成。

（7）然后进入 Caffe 的根目录，输入 Python，import Caffe。如下所示，则说明整个编译过程成功。

Python 2.7.12（default, Nov 19 2016, 06:48:10）

[GCC 5.4.0 20160609] on linux2

Type "help"，"copyright"，"credits" or "license" for more information.

>>> import caffe

>>>

编译 Caffe 遇到的问题如下。

（1）编译 Pycaffe 时报错：fatal error: numpy/arrayobject.h，没有那个文件或目录。

解决办法：

sudo apt-get install python-numpy

sudo make pycaffe -j16

Pycaffe 就编译成功了。

（2）编译 Pycaffe 的时候，出现了 hdf5_data_layer.o' failed 这个问题：

NVCC src/caffe/layers/hdf5_data_layer.cu

nvcc fatal　: Unsupported gpu architecture 'compute_20'

Makefile:594: recipe for target '.build_release/cuda/src/caffe/layers/hdf5_

data_layer.o' failed

make: *** [.build_release/cuda/src/caffe/layers/hdf5_data_layer.o] Error 1

解决方法：卸载 CUDA 9.0，安装 CUDA 8.0。

（3）在 Python 的环境下，输入 import Caffe 命令时，提示：

ImportError：No module named caffe

解决方法：

sudo vim ~/.bashrc

export PYTHONPATH = /home/gsta/caffe/python

source ~/.bachrc

（4）下面这个问题不太常见，主要发生在通过 ssh 远程 import Caffe 时。

Failed to connect to Mir: Failed to connect to server socket: No such file or directory.

Unable to init server: Could not connect: Connection refused,Failed to connect to Mir: Failed to connect to server socket: 没有那个文件或目录，Unable to init server: 无法连接：Connection refused.

解决方法：

Python 2.7.12（default, Nov 19 2016, 06:48:10）

[GCC 5.4.0 20160609] on linux2

Type "help"，"copyright"，"credits" or "license" for more information.

>>>import matplotlib

>>>matplotlib.use（'Agg'）

>>>import caffe

>>>

（5）编译 Caffe 的时候，执行 Makefile567 行出现的错误，显示如下：

AR −o .build_release/lib/libcaffe.a

LD −o .build_release/lib/libcaffe.so.1.0.0−rc3

/usr/bin/ld: 找不到 −lhdf5_hl

/usr/bin/ld: 找不到 −lhdf5

collect2: error: ld returned 1 exit status

Makefile:567: recipe for target '.build_release/lib/libcaffe.so.1.0.0−rc3' failed

make: *** [.build_release/lib/libcaffe.so.1.0.0−rc3] Error 1

解决方法：

vim Makefile

修改 Makefile，将里面的：

LIBRARIES += glog gflags protobuf boost_system boost_filesystem m

hdf5_hl hdf5

改成：

LIBRARIES += glog gflags protobuf boost_system boost_filesystem m

hdf5_serial_hl hdf5_serial

（6）找不到 libcudnn.so.6.5 文件，报错显示如下：

error while loading shared libraries: libcudnn.so.6.5: cannot open shared

object file:

No such file or directory

解决方法：

```
$ cd /usr/local/cuda/lib64/

$ sudo rm –rf libcudnn.so libcudnn.so.6.5

$ sudo chmod u=rwx,g=rx,o=rx libcudnn.so.6.5.18

$ sudo ln –s libcudnn.so.6.5.18 libcudnn.so.6.5

$ sudo ln –s libcudnn.so.6.5 libcudnn.so
```

错误是列举不完的，以上只是抛砖引玉。但根据笔者总结的经验，在编译 Caffe 的过程中，基本上所有错误的本质问题都是因为缺乏依赖项或路径不对。排查问题的方法当然也要根据提示的具体错误信息。比如编译 Caffe 的时候，还遇到了这个问题，错误提示为：libhdf5_hl.so.100: cannot open shared object file: No such file or directory。可以看到这个错误提示了 "No such file or directory"，当出现这个错误时，一般从下面两个方面排查：一个是服务器所安装的操作系统里确实没有包含该文件或该文件的版本与程序运行所需求的版本不一样，如果确认是这种情况，那么解决方法是在网上重新下载正确的版本，安装上即可；然而在编译 Caffe 时遇到这个问题，通常是下面这个原因：即服务器上已经安装了正确的文件版本，但在程序执行到需要调用该文件的时候，程序并没有去安装路径下找该文件的正确版本，而是按照默认路径去寻找该文件，当然找不到该文件，从而出现 "No such file or directory" 的错误。如果是后者，则只要把安装该文件的绝对路径配置到 Makefile.config 中即可。

3.2 Caffe 框架下的 MNIST 数字识别问题

有很多被广泛应用于机器学习领域的训练和测试的数据集，其中 MNIST（Mixed National Institute of Standards and Technology）数据集就是非常典型的一个，该数据集主要是手写体数字。

（1）首先下载 MNIST 的数据集。在 Caffe 源码框架下的 data/mnist 下用 get_mnist.sh 下载。

```
$ cd caffe/data/mnist

$ ./get_mnist.sh
```

get_minst.sh 是用来下载 MNIST 数据集和解压数据集的脚本，下载完成后，在 MNIST 的文件夹下会有 4 个文件，分别是：t10k–labels–idx1–ubyte、train–labels–idx1–ubyte、t10k–images–idx3–ubyte、train–images–idx3–ubyte。

（2）转换数据集图像的格式。由于 Caffe 只能识别 LEVELDB 或 LMDB 的数据格式，而下载的原始数据集为二进制，故需要进行数据转换工作。在 Caffe 根目录下执行：

```
$./examples/mnist/create_mnist.sh
```

接下来就可以进行训练了。

（3）训练选用的是 MNIST 数据集的 LeNet 模型，在 examples/mnist 下可以看到 LeNet 的相关信息，在 examples/mnist/lenet_solver.prototxt 目录下，能看到训练的配置参数，返回到 Caffe 的根目录下执行下面语句，则开始了手写字模型的训练：

$ ./examples/mnist/train_lenet.sh

最终的结果如图 3-9 所示。

```
I0827 20:45:38.240334 21362 data_layer.cpp:73] Restarting data prefetching from start.
I0827 20:45:38.514446 21359 solver.cpp:397]     Test net output #0: accuracy = 0.9906
I0827 20:45:38.514495 21359 solver.cpp:397]     Test net output #1: loss = 0.0277405 (* 1 =
0.0277405 loss)
I0827 20:45:38.514504 21359 solver.cpp:315] Optimization Done.
I0827 20:45:38.514510 21359 caffe.cpp:259] Optimization Done.
```

图 3-9　数字识别结果

3.3　TensorFlow 安装

TensorFlow 的安装方式很多，安装过程也很简单，可以使用 pip、Anaconda 或者源码编译的方法安装 TensorFlow，下面将会逐一进行介绍。

3.3.1　基于 pip 安装

在各大操作系统上都有为 TensorFlow 提供的 pip 软件包，安装起来非常快捷方便。

Ubuntu/Linux 64-bit

$ sudo apt-get install python-pip python-dev

Mac OS X

$ sudo easy_install pip

$ sudo easy_install --upgrade six

（1）Linux 和 Mac 安装

首先我们需要安装 pip 插件（在 Python 3 下为 pip 3）：

```
# Ubuntu/Linux 64-bit

$ sudo apt-get install python-pip python-dev

# Mac OS X

$ sudo easy_install pip

$ sudo easy_install --upgrade six
```

然后直接执行 pip install 命令安装 TensorFlow：

```
$ pip install tensorflow
```

怎么样，是不是感觉很容易？但是需要注意，你的 pip 版本需要在 8.1 或者更高的版本才能让上述命令在 Linux 上工作。

对于 TensorFlow 的 GPU 版本安装，你可以按照以下步骤进行操作：

```
# Ubuntu/Linux 64-bit, CPU only, Python 2.7

$ export TF_BINARY_URL=https://storage.googleapis.com/tensorflow/linux/
cpu/tensorflow-0.12.0rc1-cp27-none-linux_x86_64.whl

# Ubuntu/Linux 64-bit, GPU enabled, Python 2.7

# Requires CUDA toolkit 8.0 and CuDNN v5. For other versions, see
"Installing from sources" below.

$ export TF_BINARY_URL=https://storage.googleapis.com/tensorflow/linux/
gpu/tensorflow_gpu-0.12.0rc1-cp27-none-linux_x86_64.whl

# Mac OS X, CPU only, Python 2.7:
```

```
$ export TF_BINARY_URL=https://storage.googleapis.com/tensorflow/mac/
cpu/tensorflow-0.12.0rc1-py2-none-any.whl
# Mac OS X, GPU enabled, Python 2.7:
$ export TF_BINARY_URL=https://storage.googleapis.com/tensorflow/mac/
gpu/tensorflow_gpu-0.12.0rc1-py2-none-any.whl
# Ubuntu/Linux 64-bit, CPU only, Python 3.4
$ export TF_BINARY_URL=https://storage.googleapis.com/tensorflow/linux/
cpu/tensorflow-0.12.0rc1-cp34-cp34m-linux_x86_64.whl
# Ubuntu/Linux 64-bit, GPU enabled, Python 3.4
# Requires CUDA toolkit 8.0 and CuDNN v5. For other versions, see
"Installing from sources" below.
$ export TF_BINARY_URL=https://storage.googleapis.com/tensorflow/linux/
gpu/tensorflow_gpu-0.12.0rc1-cp34-cp34m-linux_x86_64.whl
# Ubuntu/Linux 64-bit, CPU only, Python 3.5
$ export TF_BINARY_URL=https://storage.googleapis.com/tensorflow/linux/
cpu/tensorflow-0.12.0rc1-cp35-cp35m-linux_x86_64.whl
# Ubuntu/Linux 64-bit, GPU enabled, Python 3.5
# Requires CUDA toolkit 8.0 and CuDNN v5. For other versions, see
"Installing from sources" below.
$ export TF_BINARY_URL=https://storage.googleapis.com/tensorflow/linux/
gpu/tensorflow_gpu-0.12.0rc1-cp35-cp35m-linux_x86_64.whl
```

Mac OS X, CPU only, Python 3.4 or 3.5:

$ export TF_BINARY_URL=https://storage.googleapis.com/tensorflow/mac/cpu/tensorflow−0.12.0rc1−py3−none−any.whl

Mac OS X, GPU enabled, Python 3.4 or 3.5:

$ export TF_BINARY_URL=https://storage.googleapis.com/tensorflow/mac/gpu/tensorflow_gpu−0.12.0rc1−py3−none−any.whl

安装 TensorFlow：

Python 2

$ sudo pip install −−upgrade $TF_BINARY_URL

Python 3

$ sudo pip3 install −−upgrade $TF_BINARY_URL

注意：如果之前安装过 TensorFlow 早期的版本，应该先使用 pip uninstall 卸载 TensorFlow 和 Protobuf，这样能确保获取的是一个最新 Protobuf 依赖下的安装包。

（2）Windows 安装

由于 TensorFlow 在 Windows 上仅支持 64 bit Python 3，所以我们要特别说明一下：我们已经使用以下 Python 版本测试了 pip 软件包，即来自 Anaconda 的 Python 3.6.1 和来自 python.org 的 Python 3.6.1。

下面采用两种命令进行 pip 安装。

只安装 CPU 版本的 TensorFlow，在命令提示符下输入以下命令即可：

C:\> pip install −−upgrade https://storage.googleapis.com/tensorflow/windows/

cpu/tensorflow-0.14.0-cp36-cp36m-win_amd64.whl

如果需要安装 GPU 版本的 TensorFlow，请在命令提示符下输入以下命令：

C:\> pip install --upgrade https://storage.googleapis.com/tensorflow/windows/

gpu/tensorfl ow_gpu-0.14.0-cp36-cp36m-win_amd64.whl

3.3.2 基于 Anaconda 安装

很多人会在 Python 2 和 Python 3 的共存问题上叫苦不迭，使用 Anaconda 能很好地解决这个问题，它可以创建多个互不干扰的环境去进行各种科学计算，当然它也提供了自己的包管理器——conda，使用方式和 pip 几乎没什么区别。在此，笔者也建议各位选择这种安装方式，因为不仅安装过程简单，而且内部还包含了很多科学计算常用的库，减少我们安装依赖库的许多麻烦，帮助我们快速上手。

（1）安装 Anaconda

Anaconda 下载地址：

https://www.anaconda.com/download/

Windows 下安装只需默认点击即可，勾选全为默认选项。

Ubuntu 下安装命令：

bash .~/Downloads/Anaconda3-5.0.1-Linux-x86_64.sh

（2）安装 TensorFlow

在终端或 cmd 中输入以下命令搜索当前可用的 TensorFlow 版本：

anaconda search -t conda tensorflow

选择符合自己系统的 TensorFlow 版本（注意带 gpu 后缀的是 gpu 版本），如 aaronzs/tensorflow-gpu 的 1.4.0 版本，输入如下命令查询安装命令：

anaconda show aaronzs/tensorflow-gpu

使用最后一行的提示命令进行安装：

conda install --channel https://conda.anaconda.org/aaronzs tensorflow-gpu

注意：如果已经通过 Anaconda 环境以外的 pip 安装 TensorFlow，但想在 Anaconda 环境中使用 TensorFlow，就需要先卸载之前在 Anaconda 环境以外的利用 pip 安装的 TensorFlow，因为 Anaconda 从 .local 更高优先级搜索系统 site-packages。

注意：如果之前已经安装过 TensorFlow，一定要先卸载，不然 Anaconda 会从本地缓存中的 whl 文件中下载之前的版本。

```
# Python 2 卸载命令
$ pip uninstall tensorflow
# Python 3 卸载命令
$ pip3 uninstall tensorflow
```

我们也可以单独为 TensorFlow 创建一个沙箱环境，这样可以避免一切依赖的冲突，使开发环境更纯粹，根据不同的情况我们可以分别创建 Python 2 和 Python 3 的环境（CPU 版本和 GPU 版本也可以分别创建，这时你就会体会到 Anaconda 的强大与方便），创建方式如下：

```
# Python 2.7
$ conda create -n tensorflow python=2.7
```

```
# Python 3.6

$ conda create -n tensorflow python=3.6
```

Windows 之前不支持 CPU 和 GPU 双版本的 TensorFlow，不过最近几个版本已经加入更新，CPU 版本可以安装在 Python 2 或 Python 3 的 conda 环境中，但是 GPU 版本只支持 Python 3，这里要注意区分。

接着我们使用命令激活上面创建的环境（有点类似 Docker 的容器管理，后续会有 Docker 的介绍），并在其中使用 conda 或 pip 命令安装 TensorFlow。

```
$ source activate tensorflow

（tensorflow）$ conda install -c conda-forge tensorflow
```

当然也可以使用 pip 命令安装，如果使用 pip 命令安装 TensorFlow，这里需要注意的一点是使用参数 "--ignore-installed" 选项来避免出现 easy_install 等错误提示。

好了，接下来的安装就和第 3.3.1 节的 pip 安装完全一样，大致如下：

```
# Ubuntu 系统 , CPU 版本 , Python 2.7

（tensorflow）$ export TF_BINARY_URL=https://storage.googleapis.com/
tensorflow/linux/cpu/tensorflow-0.14.0-cp27-none-linux_x86_64.whl

# Ubuntu 系统 , GPU 版本 , Python 2.7

# Requires CUDA toolkit 8.0 and CuDNN v6. For other versions, see
"Installing from sources" below.

（tensorflow）$ export TF_BINARY_URL=https://storage.googleapis.com/
```

tensorflow/linux/gpu/tensorflow_gpu–0.14.0–cp27–none–linux_x86_64.whl

Mac 系统 , CPU 版本 , Python 2.7

（tensorflow）$ export TF_BINARY_URL=https://storage.googleapis.com/

tensorflow/mac/cpu/tensorflow–0.14.0–py2–none–any.whl

Mac 系统 , GPU 版本 , Python 2.7

（tensorflow）$ export TF_BINARY_URL=https://storage.googleapis.com/

tensorflow/mac/gpu/tensorflow_gpu–0.14.0–py2–none–any.whl

Ubuntu 系统 , CPU 版本 , Python 3.6

（tensorflow）$ export TF_BINARY_URL=https://storage.googleapis.com/

tensorflow/linux/cpu/tensorflow–0.14.0–cp36cp36linux_x86_64.whl

Ubuntu 系统 , GPU 版本 , Python 3.6

Requires CUDA toolkit 8.0 and CuDNN v6 For other versions, see

"Installing from sources" below.

（tensorflow）$ export TF_BINARY_URL=https://storage.googleapis.com/

tensorflow/linux/gpu/tensorflow_gpu–0.140–cp36cp36–linux_x86_64.whl

Ubuntu 系统 , CPU 版本 , Python 3.6

（tensorflow）$ export TF_BINARY_URL=https://storage.googleapis.com/

tensorflow/linux/cpu/tensorflow–0.140–cp36cp36–linux_x86_64.whl

Ubuntu 系统 , GPU 版本 , Python 3.6

Requires CUDA toolkit 8.0 and CuDNN v6. For other versions, see

"Installing from sources" below.

```
（tensorflow）$ export TF_BINARY_URL=https://storage.googleapis.com/
tensorflow/linux/gpu/tensorflow_gpu-0.14.0-cp36-cp36m-linux_x86_64.whl
    # Mac 系统, CPU 版本, Python 3.6
    （tensorflow）$ export TF_BINARY_URL=https://storage.googleapis.com/
tensorflow/mac/cpu/tensorflow-0.14.0-py3-none-any.whl
    # Mac 系统，GPU 版本，Python 3.6
    （tensorflow）$ export TF_BINARY_URL=https://storage.googleapis.com/
tensorflow/mac/gpu/tensorflow_gpu-0.14.0-py3-none-any.whl
```

最后安装 TensorFlow：

```
# Python 2 安装
（tensorflow）$ pip install --ignore-installed --upgrade $TF_BINARY_URL
# Python 3 安装
（tensorflow）$ pip3 install --ignore-installed --upgrade $TF_BINARY_URL
```

当使用完成 TensorFlow 后，退出当前环境。

```
（tensorflow）$ source deactivate
$ # Your prompt should change back
```

如果要再次使用 TensorFlow，需要重新激活 Anaconda 环境：

```
$ source activate tensorflow
（tensorflow）$ #
```

（3）测试 TensorFlow 的安装

测试是否安装成功，打开 terminal 并键入以下内容：

```
$ python

Python 2.7.12（default, Nov 20 2017, 18:23:56）

[GCC 5.4.0 20160609] on linux2

Type "help"，"copyright"，"credits" or "license" for more information.

>>> import tensorflow as tf

>>>
```

没有提示错误则表示安装成功。

3.3.3　基于源代码安装

使用源代码安装方式，首先需要创建一个 pip 的 whl 文件，然后再使用 pip 命令安装。

Windows 使用源代码安装方式，由于过于复杂而且问题很多，所以笔者予以舍弃，敬请见谅。Ubuntu 的安装方式如下。

（1）克隆 TensorFlow 仓库（需要安装 git）

```
$ git clone https://github.com/tensorflow/tensorflow
```

请注意，上述代码将克隆最新版本的 TensorFlow，如果有其他版本的需求请自行到 GitHub 上另行下载。

（2）Ubuntu 环境配置

① 必选依赖

（a）安装 Bazel 依赖

首先下载 Bazel 的 Linux 安装文件，然后对该文件执行授权命令，接着执行安装命令即可安装，对所有选择取默认选项即可：

```
$ chmod +x｛babel.sh 安装文件｝

$ ./｛babel.sh 安装文件｝--user
```

（b）安装其他依赖

```
# Python 2.7 安装：

$ sudo apt-get install python-numpy python-dev python-wheel python-mock

# Python 3.6 安装：

$ sudo apt-get install python3-numpy python3-dev python3-wheel python3-mock
```

② 可选依赖

（a）安装 CUDA（在 Ubuntu 上启用 GPU 支持，需要安装 CUDA，可选安装 cuDNN 提供 GPU 加速服务）

TensorFlow GPU 版本目前仅支持 NVIDIA 的显卡，暂不支持 AMD，支持的显卡型号包括 NVIDIA Titan、NVIDIA Titan X、NVIDIA K20、NVIDIA K40 等。

（b）安装 OpenCL（仅限实验和 Linux 系统）

下载并安装 OpenCL 驱动程序：安装所需功能的 OpenCL 取决于你的环境。在 Ubuntu 16.04，正常按照以下步骤进行安装：

```
sudo apt-get install ocl-icd-opencl-dev opencl-headers
```

安装加速器驱动程序：

```
sudo apt-get install fglrx-core fglrx-dev
```

（3）Mac 环境配置

① 必选依赖

（a）安装 Bazel 依赖

Mac 环境下安装 Bazel 需要使用 Homebrew，其他 Python 依赖包则可以
使用 easy_install 或者 pip 安装。

$ brew install bazel

（b）安装其他依赖

$ sudo easy_install –U six

$ sudo easy_install –U numpy

$ sudo easy_install wheel

② 可选依赖

如果 Mac 需要添加 GPU 支持，则首先需要通过 Homebrew 的 brew 命
令安装 GNU coreutils：

$ brew install coreutils

然后你需要安装 CUDA Toolkit。可以从 NVIDIA 官网或使用 Homebrew
Cask 扩展下载适用于你的 Mac 系统版本的软件包：

$ brew tap caskroom/cask

$ brew cask install cuda

安装完成了 CUDA Toolkit 之后，你需要在 ~/.bash_profile 文件中来配
置环境变量以使其生效：

export CUDA_HOME=/usr/local/cuda

export DYLD_LIBRARY_PATH=" $DYLD_LIBRARY_PATH:$CUDA_
HOME/lib"

```
export PATH="$CUDA_HOME/bin:$PATH"
```

如果你需要 GPU 加速的话，你可以安装 CUDA Deep Neural Network（cuDNN v6）库。下载完成到本地后，解压缩后将整个解压文件夹移动到本地的 CUDA Toolkit 文件夹中即可：

```
$ sudo mv include/cudnn.h /usr/local/CUDA-8.0/include/

$ sudo mv lib/libcudnn* /usr/local/NVIDIA/CUDA-8.0/lib

$ sudo ln -s /usr/local/CUDA-8.0/lib/libcudnn* /usr/local/cuda/lib/
```

验证 CUDA 安装是否成功，可以执行 deviceQuery 命令来确认安装成功：

```
$ cp -r /usr/local/cuda/samples ~/cuda-samples

$ pushd ~/cuda-samples

$ make

$ popd

$ ~/cuda-samples/bin/x86_64/darwin/release/deviceQuery
```

通过 xcode 来编译 TensorFlow：

```
$ sudo xcode-select -s /Application/Xcode-7.2/Xcode.app
```

（4）配置安装

进入源码根路径执行 configure 脚本。脚本执行时会询问 Python 环境的路径，并询问是否配置 CUDA。这里根据自身开发需求自行选择。

示例如下：

```
$ ./configure

Please specify the location of python. [Default is /usr/bin/python]:
```

Do you wish to build TensorFlow with Google Cloud Platform support? [y/N] N

No Google Cloud Platform support will be enabled for TensorFlow

Do you wish to build TensorFlow with GPU support? [y/N] y

Do you wish to build TensorFlow with OpenCL support? [y/N] N

GPU support will be enabled for TensorFlow

Please specify which gcc nvcc should use as the host compiler. [Default is / usr/bin/gcc]:

Please specify the Cuda SDK version you want to use, e.g. 7.0. [Leave empty to use system default]: 8.0

Please specify the location where CUDA 8.0 toolkit is installed. Refer to README.md for more details. [Default is /usr/local/cuda]:

Please specify the cuDNN version you want to use. [Leave empty to use system default]: 5

Please specify the location where cuDNN 5 library is installed. Refer to README.md for more details. [Default is /usr/local/cuda]:

Please specify a list of comma−separated Cuda compute capabilities you want to build with.

You can find the compute capability of your device at: https://developer. nvidia.com/cuda−gpus.

Please note that each additional compute capability significantly increases your build time and binary size.

Setting up Cuda include

Setting up Cuda lib

Setting up Cuda bin

Setting up Cuda nvvm

Setting up CUPTI include

Setting up CUPTI lib64

Configuration finished

至此，安装完成。

3.3.4　常见安装问题

（1）GPU 相关问题

当你在运行一个 TensorFlow 实例时，如果出现以下错误：

ImportError: libcudart.so.8.0: cannot open shared object file: No such file or directory

很可能是你安装的 TensorFlow 版本有问题，请检查你安装的 TensorFlow 是否支持 GPU 版本。

（2）pip 安装问题

Cannot import name 'descriptor'

ImportError: Traceback（most recent call last）:

File "/usr/local/lib/python3.4/dist-packages/tensorflow/core/framework/graph_pb2.py", line 6, in <module>

from google.protobuf import descriptor as _descriptor

ImportError: cannot import name 'descriptor'

如果升级到较新版本的 TensorFlow 时出现上述错误，请尝试卸载之前版本的 TensorFlow 和 Protobuf，然后再重新安装 TensorFlow 和 Protobuf 依赖包。

（3）pip 命令相关问题

① 如果在用 pip 命令安装时遇到如下错误：

Error: [Errno 2] No such file or directory: '/tmp/pip-o6Tpui-build/setup.py'

这是因为你的 pip 版本太低，解决方案：升级你的 pip 版本即可。

pip install --upgrade pip

② Ubuntu 涉及权限问题，命令前需要加上 sudo，这跟你之前 pip 安装时的权限需要保持一致。

SSLError：SSL_VERIFY_FAILED

③ 如果你在安装 pip 的时候中遇到如下问题：

SSLError: [SSL: CERTIFICATE_VERIFY_FAILED] certificate verify failed

解决方案：可以通过 curl 或 wget 命令手动下载 wheel 文件，并在本地 pip 安装。

④ 如果你在安装 pip 的时候中遇到如下问题：

Operation not permitted

Installing collected packages: setuptools, protobuf, wheel, numpy, tensorflow

Found existing installation: setuptools 1.1.6

Uninstalling setuptools-1.1.6:

Exception:

[Errno 1] Operation not permitted: '/tmp/pip-a1DXRT-uninstall/System/

Library/Frameworks/Python.framework/Versions/2.7/Extras/lib/python/_

markerlib'

解决方案：在 pip 命令中添加 "--ignore-installed" 选项。

⑤ 当出现无法移除不存在的文件 easy-instal.pth 问题：

Cannot remove entries from nonexistent file: easy-install.pth

Cannot remove entries from nonexistent file <path-to-anaconda-instalation>/

anaconda[version]/lib/site-packages/easy-install.pth

解决方法包含以下两个步骤。

步骤 1 升级安装工具：

pip install --upgrade -I setuptools

步骤 2 安装 TensorFlow 再添加 "--ignore-installed" 选项：

pip install --ignore-installed --upgrade <tensorflow_url>

步骤 1 可能已经解决了问题，但如果问题仍然存在，请执行步骤 2。

⑥ 在 Ubuntu 上如果出现如下错误：

"__add__" , "__radd__" ,

SyntaxError: invalid syntax

解决方案：请确认你的 Python 版本为 Python 2.7。

3.4 TensorFlow 框架下的 CIFAR 图像识别问题

CIFAR-10 是由阿历克斯·克里泽夫斯基、维诺德·耐尔以及杰弗里·辛顿收集的一个用于普世物体识别的数据集，其中 CIFAR 是加拿大牵头投资的一个先进科学项目研究所。

CIFAR-10 数据集里面包括了 10 种类型的 6 万张 32 × 32 像素的彩色图片，每个类型分别有 6 000 张图片。其中 5 万张作为训练集使用，剩下的 1 万张作为测试集使用。

下载 CIFAR-10 数据集的下载地址：http://www.cs.toronto.edu/~kriz/cifar-10-binary.tar.gz。

由于国内网络限制可能下载不了，另附百度云下载链接：http://pan.baidu.com/s/1clSwoQ，密码：7uu7。

下载官方 CIFAR-10 示例代码，下载地址：https://github.com/tensorflow/models.git。

这里是下载 TensorFlow 官方的所有示例代码，读者有兴趣可以对其他示例做研究，这里我们只使用 CIFAR-10 的示例代码。CIFAR-10 的核心代码在根目录下的 \tutorials\image\cifar10 中，其目录结构如下。

cifar10.py：下载并解压 CIFAR-10 数据集，建立 CIFAR-10 模型；

cifar10_eval.py：评估 CIFAR-10 模型的预测性能；

cifar10_train.py：训练 CIFAR-10 的模型（默认 cpu 模式）；

59

cifar10_multi_gpu_train.py：训练 CIFAR-10 模型（默认多 GPU 模式）；

cifar10_input.py：读取本地 CIFAR-10 文件。

（1）执行 cifar10.py 脚本

我们将已经下载好的 CIFAR-10 文件放到 Ubuntu 系统的 /tmp/cifar10_data（/cifar10_data 目录需自己创建），如果我们想自定义目录，只需要执行脚本时使用 "--dat_dir" 指定数据保存的路径。这里建议直接在脚本的默认路径前加 "."改为相对路径，这样文件就和脚本在同一根目录下，方便查找文件，其他脚本也可以如法炮制。当然如果你直接用 tmp 目录，也可以不做任何修改。

执行完毕后，/tmp/cifar10_data 目录下应该会解压出如下文件：batches.meta.txt、data_batch_1.bin、data_batch_2.bin、data_batch_3.bin、data_batch_4.bin、data_batch_5.bin、readme.html、test_batch.bin。

（2）训练模型

执行 cifar10_train.py 脚本训练模型，训练结果默认的保存路径是 /tmp/cifar10_train，你可以在脚本执行时添加 "--train_dir" 来指定你训练结果保存的目录。由于是 GPU 训练，训练过程很长，总数据为 10 万条，笔者训练了大概十几个小时。

（3）评估 CIFAR-10 的预测性能

执行 cifar10_eval.py 脚本来评估 CIFAR-10 的预测性能。笔者的评估结果的准确率为 85.8%，已经算是非常不错了。

3.5　Torch 安装

3.5.1　无 CUDA 的 Torch 7 安装

（1）安装 Luarocks

sudo apt−get install luarocks

（2）安装 Torch

git clone https://github.com/torch/distro.git ~/torch −−recursive

cd ~/torch

bash install−deps

./install.sh

安装即将结束的时候，会提示：

Do you want to automatically prepend the Torch install location

to PATH and LD_LIBRARY_PATH in your /home/gsta/.bashrc?（yes/no）

输入 yes，最后使刚才设置的环境变量生效，Torch 就安装成功了。

source ~/.bashrc

3.5.2　CUDA 的 Torch 7 安装

由于服务器安装了计算卡 NVIDIA Tesla K40M，在无 CUDA 的 Torch 7

安装的基础上，安装 CUDA 之后，可使用 NVIDIA CUDA 加速版本的 Torch 7，安装步骤如下。

（1）下载 NVIDIA CUDA 适配的代码

git clone https://github.com/torch/cutorch.git

（2）安装编译依赖的库

sudo apt install nvidia-cuda-toolkit

（3）编译代码

cd cutorch

mkdir build

cd build

cmake ..

make

安装完成后，在命令行输入 th，显示结果如图 3-10 所示。

图 3-10　Torch 框架安装成功示意

 ## 3.6　Torch 框架下 neural-style 图像合成问题

这是一个可以让电脑模仿任何画家的风格作画的项目。

（1）安装 loadcaffe

```
sudo apt-get install libprotobuf-dev protobuf-compiler

luarocks install loadcaffe
```

（2）下载 neural-style 代码

```
cd ~/

git clone https://github.com/jcjohnson/neural-style

cd neural-style
```

（3）下载模块

```
sh models/download_models.sh
```

下载完成之后，在 models 文件夹下有 VGG_ILSVRC_19_layers.
caffemodel 和 vgg_normalised.caffemodel 两个模型。

（4）运行无 GPU 的代码

```
th neural_style.lua -gpu -1 -print_iter 1
```

上述命令中的 "-gpu -1" 表示无 GPU 运行，输出如下：

```
[libprotobuf WARNING google/protobuf/io/coded_stream.cc:537] Reading

dangerously large

protocol message.

[libprotobuf WARNING google/protobuf/io/coded_stream.cc:78] The total

number of bytes read was 574671192

Successfully loaded models/VGG_ILSVRC_19_layers.caffemodel

conv1_1: 64 3 3 3
```

conv1_2: 64 64 3 3

conv2_1: 128 64 3 3

conv2_2: 128 128 3 3

conv3_1: 256 128 3 3

conv3_2: 256 256 3 3

conv3_3: 256 256 3 3

conv3_4: 256 256 3 3

conv4_1: 512 256 3 3

conv4_2: 512 512 3 3

conv4_3: 512 512 3 3

conv4_4: 512 512 3 3

conv5_1: 512 512 3 3

conv5_2: 512 512 3 3

conv5_3: 512 512 3 3

conv5_4: 512 512 3 3

fc6: 1 1 25088 4096

fc7: 1 1 4096 4096

fc8: 1 1 4096 1000

Setting up style layer   2   :   relu1_1

Setting up style layer   7   :   relu2_1

Setting up style layer   12   :   relu3_1

Setting up style layer   21   :   relu4_1

Setting up content layer   23   :   relu4_2

Setting up style layer   30   :   relu5_1

Capturing content targets

nn.Sequential {

[input ->（1）-> ······->（33）->（34）->（35）->（36）->（37）-> output]

（1）: nn.TVLoss

（2）: nn.SpatialConvolution（3 -> 64, 3x3, 1,1, 1,1）

（3）: nn.ReLU

（4）: nn.StyleLoss

（5）: nn.SpatialConvolution（64 -> 64, 3x3, 1,1, 1,1）

（6）: nn.ReLU

（7）: nn.SpatialMaxPooling（2x2, 2,2）

（8）: nn.SpatialConvolution（64 -> 128, 3x3, 1,1, 1,1）

（9）: nn.ReLU

（10）: nn.StyleLoss

（11）: nn.SpatialConvolution（128 -> 128, 3x3, 1,1, 1,1）

（12）: nn.ReLU

（13）: nn.SpatialMaxPooling（2x2, 2,2）

（14）: nn.SpatialConvolution（128 -> 256, 3x3, 1,1, 1,1）

（15）: nn.ReLU

（16）：nn.StyleLoss

（17）：nn.SpatialConvolution（256 -> 256, 3x3, 1,1, 1,1）

（18）：nn.ReLU

（19）：nn.SpatialConvolution（256 -> 256, 3x3, 1,1, 1,1）

（20）：nn.ReLU

（21）：nn.SpatialConvolution（256 -> 256, 3x3, 1,1, 1,1）

（22）：nn.ReLU

（23）：nn.SpatialMaxPooling（2x2, 2,2）

（24）：nn.SpatialConvolution（256 -> 512, 3x3, 1,1, 1,1）

（25）：nn.ReLU

（26）：nn.StyleLoss

（27）：nn.SpatialConvolution（512 -> 512, 3x3, 1,1, 1,1）

（28）：nn.ReLU

（29）：nn.ContentLoss

（30）：nn.SpatialConvolution（512 -> 512, 3x3, 1,1, 1,1）

（31）：nn.ReLU

（32）：nn.SpatialConvolution（512 -> 512, 3x3, 1,1, 1,1）

（33）：nn.ReLU

（34）：nn.SpatialMaxPooling（2x2, 2,2）

（35）：nn.SpatialConvolution（512 -> 512, 3x3, 1,1, 1,1）

（36）：nn.ReLU

（37）: nn.StyleLoss

}

Capturing style target 1

Running optimization with L–BFGS

Iteration 1 / 1000

Content 1 loss: 2091176.093750

Style 1 loss: 30021.292114

Style 2 loss: 700349.560547

Style 3 loss: 153033.203125

Style 4 loss: 12404633.593750

Style 5 loss: 656.860304

Total loss: 15379870.603590

<optim.lbfgs>　　　creating recyclable direction/step/history buffers

Iteration 2 / 1000

Content 1 loss: 2091174.531250

Style 1 loss: 30021.292114

Style 2 loss: 700349.560547

Style 3 loss: 153033.203125

Style 4 loss: 12404633.593750

Style 5 loss: 656.860304

Total loss: 15379869.041090

```
Iteration 3 / 1000

  Content 1 loss: 2044302.968750

  Style 1 loss: 30008.584595

  Style 2 loss: 695574.560547

  Style 3 loss: 151664.123535

  Style 4 loss: 12346632.812500

  Style 5 loss: 656.015778

  Total loss: 15268839.065704

  ....................................

  ....................................

<optim.lbfgs> reached max number of iterations
```

（5）安装 CUDA、cuDNN

这一步在安装 Caffe 框架的时候（第 2.1.3 节与第 2.1.4 节）已经详细介绍了。

（6）安装 cutorch、cunn、cuDNN

```
luarocks install cutorch

luarocks install cunn

luarocks install cudnn
```

检验安装情况：

```
th –e "require 'cutorch' ; require 'cunn' ; print ( cutorch )"
```

显示如下：

```
{
```

createCudaUVATensor : function: 0x40b81c88

getPeerToPeerAccess : function: 0x41c7e770

getStream : function: 0x41c7eb28

isCachingAllocatorEnabled : function: 0x41c7ea38

getDeviceCount : function: 0x41c7e690

isManaged : function: 0x40b81ce8

setHeapTracking : function: 0x41c81730

manualSeedAll : function: 0x41c81620

streamWaitFor : function: 0x41c7ebd0

toCudaUVATensor : function: 0x40b81cc8

toFloatUVATensor : function: 0x40b81ca8

setKernelPeerToPeerAccess : function: 0x41c7e978

reserveBlasHandles : function: 0x41c7e668

manualSeed : function: 0x41c815d0

hasHalfInstructions : function: 0x41c819b0

getBlasHandle : function: 0x41c7e860

hasFastHalfInstructions : function: 0x41c81a08

setDefaultStream : function: 0x41c7eb80

getMemoryUsage : function: 0x41c81958

createCudaHostIntTensor : function: 0x41c7d828

streamBarrier : function: 0x41c7ec80

createCudaHostLongTensor : function: 0x40b79400

seedAll : function: 0x41c81a80

createCudaHostHalfTensor : function: 0x40b81be0

driverVersion : 9000

CudaUVAAllocator : torch.Allocator

synchronize : function: 0x41c7df30

createCudaHostByteTensor : function: 0x40b81b98

reserveStreams : function: 0x41c7e8b0

createCudaHostDoubleTensor : function: 0x41c7d7b0

getDevice : function: 0x41c7ed60

createCudaHostFloatTensor : function: 0x41c7d748

withDevice : function: 0x40b793a0

seed : function: 0x41c81a58

test : function: 0x40b79338

_stategc : userdata: 0x415ad250

getNumStreams : function: 0x41c7e900

getRuntimeVersion : function: 0x41c818b0

deviceReset : function: 0x41c7edb0

Event : {...}

CudaHostAllocator : torch.Allocator

isManagedPtr : function: 0x41c81758

getState : function: 0x41c81708

setRNGState : function: 0x41c816b8

synchronizeAll : function: 0x41c7e610

initialSeed : function: 0x41c815a8

getDeviceProperties : function: 0x41c7ea90

getRNGState : function: 0x41c81690

getNumBlasHandles : function: 0x41c7e6f8

_sleep : function: 0x41c81668

setStream : function: 0x41c7e950

getKernelPeerToPeerAccess : function: 0x41c7e9d8

createFloatUVATensor : function: 0x40b81c48

createCudaHostTensor : function: 0x41c7d748

getDriverVersion : function: 0x41c81908

streamSynchronize : function: 0x41c7ed38

streamWaitForMultiDevice : function: 0x41c7ec30

setDevice : function: 0x41c81a30

setPeerToPeerAccess : function: 0x41c7e7c8

hasHalf : true

streamBarrierMultiDevice : function: 0x41c7ece0

setBlasHandle : function: 0x41c7e748

_state : userdata: 0x00ceb390

```
}
```

（7）生成具有特定风格的图像

```
th neural_style.lua –style_image style.jpg –content_image in.jpg –gpu –0
```

命令解释：th neural_style.lua –style_image 风格图片 –content_image 想处理的图片 –gpu –0。

其中输入的原始作品如图 3-11 所示。

图 3-11　输入的原始作品

风格图像如图 3-12 所示。

图 3-12　输入的风格作品

输出的风格作品如图 3-13 所示。

图 3-13　输出的风格作品

另外，在生成的时候，每运行 10% 会放出一张预览图，如图 3-14 所示。

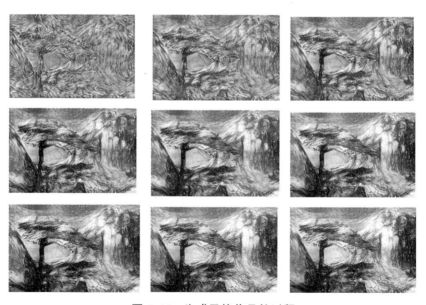

图 3-14　生成风格作品的过程

3.7 小结

本章是第 1 章的延伸，在第 1 章中介绍了 3 种主流框架，分别是 Caffe、TensorFlow、Torch。本章主要以 Ubuntu 系统为主，介绍了三大框架的安装过程并记录了一些安装过程中常见的问题和解决方法，在每一个深度学习框架的最后，都利用该框架解决了一个实际问题。

阿尔法狗的胜利，人类的感受是喜忧参半！

第4章
人脸识别

 ## 4.1　人脸识别概述

随着信息技术的飞速发展，与人脸识别相关的领域研究受到了很多学者的关注。人脸识别主要的研究对象是含有人脸的图像或者视频流，通过算法或者识别模型得到人脸部特征信息，以达到确认身份的目的，属于一种生物识别技术，也被称为人像识别、面部识别。它作为一种最为成熟的生物特征识别技术，主要优点是非接触性、非强制性、并发性和简便性等，主要应用于国家安全、电子商务、访问控制、视频监控、人机交互、查验证件和人事考勤等场景，人脸识别对于推动社会健康发展有着非常积极的作用。

4.2 人脸识别系统设计

4.2.1 需求分析

在我们牵头研发的国家"863"计划"动态媒体业务支撑平台与应用示范"中，需要做到以下基于人脸识别的业务示范应用：主要针对演唱会、电视剧、电影等高清视频的明星实现动态广告插入的功能，首先对上述视频内容场景进行分割，利用人脸识别系统识别出明星，并采用动态自组织媒体内容提取技术对视频进行自动标注；其次，根据用户偏好标签以及媒体内容标签，采用类别匹配方法选择与该明星相关的广告内容和形态；再利用广告投放时机选择算法确定广告投放的时序位置；最后采用智能分发策略，将广告内容传输到用户终端。

通过上面的需求分析可以看出以人脸识别为核心技术来解决问题无疑是最佳的选择，把最终需要解决的问题进行细化分析，整体过程可以分为以下 3 个步骤。

步骤 1 对高清视频进行抽帧。输入一个 ts 格式的视频，输出若干有规律的图像帧，即图像帧的命名规则与该帧在源视频中具体的时间点有一一对应关系，便于后续图像帧在视频源中的定位。

步骤 2 人脸识别。这一部分可使用快速人脸识别技术，对步骤 1 以一定规律抽取的图像帧进行人脸识别，同时与已有的人脸数据库进行实时检索，从而快速实现演员身份的识别，输出包含人脸图像的绝对路径和人脸识别信息的 Log 文件。

步骤 3　人脸图像入库。处理步骤 2 中人脸识别输出的 Log 文件，得到该帧图像所对应视频的唯一标识符 "–mediacode"、演员的起始时间、演员姓名，以此作为该张图像的名字。演员人脸图像的位置可以作为附加信息。

最后把所有标注的演员信息进行保存，与用户画像标签结合之后，可作为动态互动广告应用平台的用户行为建模分析的源数据。

4.2.2　功能设计

根据上面对整体过程的分析，该人脸识别系统应该具备视频抽帧、人脸识别和信息标注的功能。该系统的功能结构如图 4-1 所示。

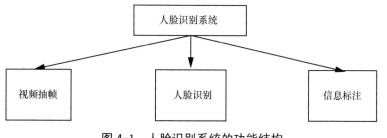

图 4-1　人脸识别系统的功能结构

其中，各功能的具体设计如下。

（1）视频抽帧功能

要对视频中的人脸进行识别，最直接的方法是利用人脸识别算法直接对视频进行实时分析，然后输出有人脸图像的识别结果，但是由于视频本身的信息太过冗余，对人脸识别算法的实时性要求比较高，所以先对视频进行预处理，对视频以一定的频率抽取视频关键帧，然后通过人脸识别算法对抽取的图像进行处理，是一个不错的选择。

（2）人脸识别功能

人脸识别功能作为人脸识别系统的核心组件功能，需要具备识别速度快、识别精度高等特点。

（3）人脸图像入库功能

信息标注的主要作用是记录识别出的人脸图像信息，以供后续的入库使用。

4.2.3　模块设计

与系统功能相对应的，人脸识别系统模块包含视频抽帧模块、人脸识别模块和信息标注及入库模块。各模块之间的关系如图 4-2 所示。

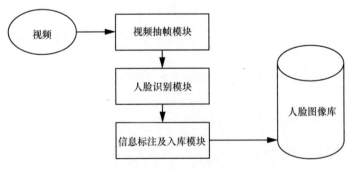

图 4-2　人脸识别系统各模块之间的关系

（1）视频抽帧模块

FFmpeg 是一套开源程序，它的作用是用来记录、转换数字音频、视频，并能将其转化为流。该源程序通过高效的音频 / 视频编解码库 Libavcodec，为用户提供了录制、转换以及流化音视频的完整解决方案，并且具有高可移植性和高编解码质量，从而受到了音 / 视频研究人员的广泛使用，这其中也有一些团队优化了 FFmpeg 的源码，并将其投入生产应用中。

在该项目中，采用 FFmpeg 对下载好的视频以一定的频率进行抽帧，保存到服务器端的以视频名命名的文件夹中。

（2）人脸识别模块

人脸识别模块中使用的算法思路为：首先，定位一张图像中所有的人脸位置；其次，对于同一张脸，当光线改变或者朝向方位改变时，算法还能判断是同一张脸；然后找到每一张脸不同于其他脸的独特之处，比如脸的大小、眉毛的弯曲程度，并表示出来；最后，通过把表示出来的脸的特征数据与数据库中的所有的人脸特征进行匹配，确定图像中人的身份信息。

在本系统中，人脸识别模块中算法实现主要基于 OpenFace 技术，下面对 OpenFace 模型进行介绍。OpenFace 是一个基于深度神经网络的开源人脸识别系统。它的流程如图 4-3 所示，下面将依次对流程图的每一步进行解释。

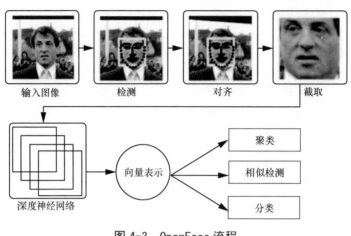

图 4-3　OpenFace 流程

步骤 1　输入有可能包含人脸的原始图像，利用 Dlib、OpenCV 源码中现有的人脸检测方法，通过方向梯度直方图（Hog）、Haar 等特征，运用传统的计算机视觉中的方法检测出图像中的人脸位置，输出标注信息。

步骤 2　从检测到截取这两步，首先把原始图像以及步骤 1 输出的人脸位置信息作为输入数据，得到人脸中的关键点，再根据这些关键点对人脸做对齐校准。关键点一般指的是人脸上眼角的位置、鼻子的位置、脸的轮廓点等信息，得到关键点之后，可以把人脸校准或者说是对齐，也就是把原来比较歪的人脸，通过检测得到的关键点，使用仿射变换将人脸统一摆正，减少因为人脸姿势的不同带来的误差。

步骤 3　接下来的截取到向量表示，是运用了深度卷积神经网络识别人脸特征的关键一步。将校准后的人脸图像转换成一个 128×1 的向量表示，每张脸的 128 个测量值称为一个嵌入（Embedding），也即用一个 128 维的特征向量表示人脸图像。对于同一个人的人脸图像，对应向量的欧几里得距离比较小，相反地，对于不同人的人脸图像，对应向量的欧几里得距离应该比较大。

在得到人脸的特征向量表示之后，根据两张人脸的特征向量计算得到的欧几里得距离关系，可把它进行实际应用，一般有以下几类。

人脸验证（Face Identification）：就是检测 A、B 是否是属于同一个人。只需要计算向量之间的距离，设定合适的报警阈值（Threshold）即可。

人脸识别（Face Recognition）：这个应用是最多的，给定一张图片，检测数据库中与之最相似的人脸。

人脸聚类（Face Clustering）：在数据库中对人脸进行聚类分析。

在 OpenFace 的源代码中，包含了人脸验证和人脸识别的程序，在系统环境部署成功后，通过实例验证了"人脸验证"和"人脸识别"程序的适用性。

（3）信息标注及入库模块

人脸识别系统的最终的目的就是识别输出的人脸图像，而信息标注模块整合了人脸识别模块所得到的信息，入库模块是把符合要求的图像存储到数据库中。

4.3　系统生产环境部署及验证

4.3.1　抽帧环境部署

输入下面的命令，安装 FFmpeg：

```
sudo apt install ffmpeg
```

4.3.2　抽帧功能验证

（1）首先验证 FFmpeg 的安装情况：

```
ffmpeg –version
```

得到下述信息：

```
ffmpeg version 2.8.11–0ubuntu0.16.04.1 Copyright（c）2000–2017 the
FFmpeg developers
built with gcc 5.4.0（Ubuntu 5.4.0–6ubuntu1~16.04.4）20160609
```

（2）验证抽帧命令，对 test.ts 每隔 1 s 抽一帧，保存为类似于 image–001.jpeg 的图像：

```
ffmpeg – i test.ts – r 1 – f image2 image–%3d.jpeg
```

成功执行后，在该目录下生成了刚才抽好帧的图像。

4.3.3　OpenFace 环境部署

（1）准备系统环境

```
sudo apt–get install python–minimal

sudo apt–get install python–pip

sudo pip install – upgrade pip

sudo apt–get install git

sudo apt–get install cmake
```

```
sudo apt-get install libboost-dev

sudo apt-get install libboost-python-dev
```

（2）下载代码

```
git clone https://github.com/cmusatyalab/openface.git
```

（3）安装 OpenCV

```
sudo apt-get install libopencv-dev

sudo apt-get install python-opencv
```

（4）安装依赖的 Python 库

```
cd openface

sudo pip install -r requirements.txt

sudo pip install dlib

sudo pip install matplotlib

sudo pip install opencv-python
```

（5）安装依赖的 Lua 库

```
sudo apt install luarocks

luarocks install dpnn

luarocks install image

luarocks install nn

luarocks install graphicsmagick

luarocks install torchx

luarocks install csvigo
```

（6）编译代码

```
python setup.py build

sudo python setup.py install
```

4.3.4　OpenFace 环境验证

（1）验证系统安装情况

首先验证 OpenCV 的安装情况：

```
import cv2
```

若运行正常，终端会输出如下信息：

```
Python 2.7.12（default, Nov 19 2016, 06:48:10）

[GCC 5.4.0 20160609] on linux2

Type "help", "copyright", "credits" or "license" for more information.

>>> import cv2

>>>
```

到此，安装 OpenCV 成功。

再验证 Dlib 的安装情况：

```
import dlib
```

同理：

```
Python 2.7.12（default, Nov 19 2016, 06:48:10）

[GCC 5.4.0 20160609] on linux2

Type "help", "copyright", "credits" or "license" for more information.
```

```
>>> import dlib

>>>
```

如上所示，安装 Dlib 成功。

最后验证 OpenFace 的安装情况：

```
import dlib
```

同理：

```
Python 2.7.12（default, Nov 19 2016, 06:48:10）

[GCC 5.4.0 20160609] on linux2

Type "help", "copyright", "credits" or "license" for more information.

>>> import openface

>>>
```

如上所示，OpenFace 安装成功。

（2）验证"人脸识别"程序

① 下载预训练后的数据：

```
sh models/get-models.sh

wget https://storage.cmusatyalab.org/openface-models/nn4.v1.t7 -O models/openface/nn4.v1.t7
```

② 执行人脸对比的脚本 classifier.py：

```
cd /home/gsta/openface

./demos/classifier.py infer models/openface/celeb-classifier.nn4.small2.v1.pkl ./images/exa mples/carell.jpg
```

执行完的结果如下所示：

```
=== ./images/examples/carell.jpg ===

Predict SteveCarell with 0.99 confidence.
```

执行 classifier.py，通过下载已训练好的模型，得到 carell.jpg 中的人脸图像是 SteveCarell 这个人的概率为 0.99。

（3）训练自己的人脸数据集

① 在 OpenFace 文件中建立一个名为 training-images 的文件夹：

```
cd /home/gsta/openface

mkdir training-images
```

② 把需要识别的每个人建立一个子文件，比如：

```
mkdir /training-images/jiangxin

mkdir /training-images/liutao

mkdir /training-images/wangziwen
```

③ 把每个人的图像复制到对应的子文件夹中，确保每张图像中只出现一张脸。这里每个演员包含 15 张图像，可以裁剪脸部周围的区域。OpenFace 会自己裁剪，在④中会进行介绍。

④ 在 OpenFace 的根目录中运行：

```
./util/align-dlib.py ./training-images/ align outerEyesAndNose ./aligned-images/ --size 96
```

这个脚本的作用是进行姿势检测和校准，并创建一个名为 aligned-images 的子文件夹，里面是每个测试图像被裁剪并对齐的图像。

再运行：

./batch-represent/main.lua -outDir ./generated-embeddings/ -data ./aligned-images

目的是把上一步生成的对齐图像生成特征文件，成功执行脚本之后，在 generated-embeddings 的子文件夹中会包含每张图像嵌入的 csv 文件。

最后就可以训练自己的模型了。

./demos/classifier.py train ./generated-embeddings/

脚本执行完之后，会在 generated-embeddings 这个文件夹中生成 classifier.pkl 的新文件，其中包含了用来识别新面孔的 SVM 模型。

⑤ 验证识别人脸模型的准确率。把刚才用于训练模型的 3 个演员的 3 张人脸图像放在 OpenFace 的根目录下，用生成的 classifier.pkl 文件来预测人脸图像。

识别 jiangxin.jpg 图像：

./demos/classifier.py infer ./generated-embeddings/classifier.pkl jiangxin.jpg

输出信息如下：

=== jiangxin.jpg ===

Predict jiangxin with 0.88 confidence.

识别 wangziwen.jpg 图像：

./demos/classifier.py infer ./generated-embeddings/classifier.pkl wangziwen.jpg

输出信息如下：

=== wangziwen.jpg ===

```
Predict wangziwen with 0.74 confidence.
```

识别 liutao.jpg 图像：

```
./demos/classifier.py infer ./generated-embeddings/classifier.pkl liutao.jpg
```

输出信息如下：

```
=== liutao.jpg ===
```

```
Predict jiangxin with 0.87 confidence.
```

分类器会给出分类结果和可信度，一般同样的人的可信度在 99% 左右，未在分类器中的人会低于 80%。从结果可以看出，通过刚才训练好的模型对演员预测的置信度达到了一定的阈值，说明当训练图像足够时，训练得到的模型具备可用的价值。

（4）验证"人脸验证"程序

下面对 OpenCV 的人脸对比 Demo 程序进行验证。

① 根据上文所述，在下载预训练后的数据之后，执行人脸对比的脚本 compare.py：

```
cd /home/gsta/openface
```

```
./demos/compare.py images/examples/{lennon*,clapton*}
```

执行完的结果如下所示：

```
Comparing images/examples/lennon-1.jpg with images/examples/lennon-2.jpg.
```

```
  + Squared l2 distance between representations: 0.782
```

```
Comparing images/examples/lennon-1.jpg with images/examples/clapton-1.jpg.
```

```
  + Squared l2 distance between representations: 1.059
```

Comparing images/examples/lennon−1.jpg with images/examples/clapton−2.jpg.

+ Squared l2 distance between representations: 1.170

Comparing images/examples/lennon−2.jpg with images/examples/clapton−1.jpg.

+ Squared l2 distance between representations: 1.402

Comparing images/examples/lennon−2.jpg with images/examples/clapton−2.jpg.

+ Squared l2 distance between representations: 1.552

Comparing images/examples/clapton−1.jpg with images/examples/clapton−2.jpg.

+ Squared l2 distance between representations: 0.379

执行 compare.py，该文件自带的参数 {lennon*,clapton*} 代表的是 image/example 文件夹内的 lennon−1.jpg、lennon−2.jpg、clapton−1.jpg、clapton−2.jpg 4 张图像，其功能是把 4 张图片中的任意两张图片进行对比，总共输出 6 种结果，"+ Squared l2 distance between representations" 表示计算 squared L2 distance（欧氏距离的平方）的值，计算得到的值为 0 ~ 4，值越小表示越有可能是同一人。

比如把两张相同的人脸图像进行对比，输入如下命令：

./demos/compare.py images/examples/{lennon−1.jpg,lennon−1.jpg}

可得到如下的输出信息：

Comparing images/examples/lennon−1.jpg with images/examples/lennon−1.jpg.

+ Squared l2 distance between representations: 0.000

② 把演员人脸图像放置于 OpenFace 源代码的根目录，对演员人脸图像进行测试：

```
./demos/compare.py jiangxin.jpg jiangxin.jpg

Comparing jiangxin.jpg with jiangxin.jpg.

  + Squared l2 distance between representations: 0.000

./demos/compare.py jiangxin.jpg liutao.jpg

Comparing jiangxin.jpg with liutao.jpg.

  + Squared l2 distance between representations: 0.306

./demos/compare.py jiangxin.jpg wangziwen.jpg

Comparing jiangxin.jpg with wangziwen.jpg.

  + Squared l2 distance between representations: 0.481
```

从结果中可以看出，不同人之间的欧氏距离要比相同的人的欧氏距离大。设置合理的阈值，可判断两张人脸图像是否为同一个人。通过以上分析，最终决定采用 classifier.py 作为人脸识别的核心程序。

4.4 批量生产

（1）抽帧。把一个下载好的视频，利用 FFmpeg 每 10 s 抽 1 帧来抽取图像帧。保存在以 mediacode 命名的文件夹内。

抽帧的脚本为 getFrame.sh，关键代码如下：

抽帧命令，$inputname.ts 为视频源 $inputname-%3d.jpeg 为保存的图像帧名字

ffmpeg −i /home/gsta/lianxuju/storage/$inputname.ts −f image2 −r 0.1 /home/gsta/output_chouzhen/$inputname/$inputname−%3d.jpeg

（2）把需要进行识别的 mediacode 中抽取出来的图像帧的绝对路径写到一个文件中，脚本为 allImagePath.py 的关键代码如下：

filename =‘/home/zhuangyr/txt/in/lianxuju_round1_’+num+’.txt’

#输出：上面这个 txt 对应的已经抽好帧的图像的路径

imagePath =‘/home/zhuangyr/txt/out/lianxuju_round1_’+num+’_imagePath.txt’

…

for mediaCode in mediaCodes:

　mediaCodeRootPath =‘/home/zhuangyr/chouzhen/lianxuju/’

　#得到每一步 mediaCode 的绝对路径

　mediaCodePath = mediaCodeRootPath + mediaCode

…

　#获取该路径下的所有图像

　imgs = os.listdir（mediaCodePath）

　imgNum = len（imgs）

　for i in range（imgNum）：

　　imgPath = mediaCodePath +‘/’+ imgs[i]

　　f1.write（imgPath+’ \n’）

（3）执行生产程序 product.sh

```
# 执行 allImagePath.py，得到图像路径

./allImagePath.py

# 利用 opencv 中的人脸检测程序从抽帧图像中筛选出有人脸的图像的
绝对路径

echo 'begin to dectect face in image using opencv'

while read i; do  /home/zhuangyr/opencv-3.3.0/samples/python/chenfacedetect.
py $i >> /home/gsta_admin/scripts/log/lianxuju_round1_${num}_hasFace.log; done < /
home/gsta_admin/scripts/txt/out/lianxuju_round1_${num}_imagePath.txt

# 把筛选出来的人脸图像保存在 hasFace.log 文件中

echo 'begin to match the face of actor using openface'

while read line

do

    /home/gsta/openface/demos/classifier.py infer /home/gsta/openface/
generated-embeddings/classifier.pkl I/test-$i.jpg>>/home/gsta_admin/scripts/log/
lianxuju_round1_${num}_result.log

    sleep 1
```

上面的 product.sh 中还用到了 facedetect.py，前者的核心程序是 OpenCV
中检测人脸的程序，用于对抽帧图像进行筛选。

facedetect.py 脚本的参数是图像的路径，如果识别出人脸，则输出该
图像的绝对路径，否则不输出。下面是 facedetect.py 的核心代码：

```
def detect（img, cascade）:
    rects = cascade.detectMultiScale（img, scaleFactor=1.3, minNeighbors=4,
minSize=（30, 30）,flags=cv2.CASCADE_SCALE_IMAGE）
    if len（rects）== 0:
        return []
    rects[:,2:] += rects[:,:2]
    # print（'here has a face'）
    return rects
def draw_rects（img, rects, color）:
    for x1, y1, x2, y2 in rects:
        cv2.rectangle（img,（x1, y1）,（x2, y2）, color, 2）
if __name__ == '__main__':
    import sys, getopt
    # print（__doc__）
    args, video_src = getopt.getopt（sys.argv[1:], '', ['cascade=',
'nested-cascade=']）
    try:
        video_src = video_src[0]
    except:
        video_src = 0
    args = dict（args）
```

```
        cascade_fn = args.get（'--cascade'，"../../data/haarcascades/
haarcascade_frontalface_alt.xml"）

        nested_fn = args.get（'--nested-cascade'，"../../data/haarcascades/
haarcascade_eye.xml"）

        cascade = cv2.CascadeClassifier（cascade_fn）

        nested = cv2.CascadeClassifier（nested_fn）

        img = cv2.imread（video_src）

        gray = cv2.cvtColor（img, cv2.COLOR_BGR2GRAY）

        gray = cv2.equalizeHist（gray）

        rects = detect（gray, cascade）

        if len（rects）!= 0:

            # print（'the pic has no face here'）

        # else:

        # 输出有人脸图像的路径

            print（video_src）

            # print（'the pic has faces'）
```

（4）对输出的 Log 进行处理，设定合适的阈值，把满足要求的图像帧保存到数据库中。

入库核心程序为：

```
public class Controller {
```

……

```
    try{

        loadAutoFaceAds（imageURL, dataJson）;

            FACEIDENTIFY_LOG.info（"人脸识别结果入库及打点图下载
成功："+imageURL+" \t" +dataJson）;

        }catch（Exception e）{

            FACEIDENTIFY_LOG.info（"人脸识别结果入库及打点图下载
成功异常报错："+imageURL+" \t" +dataJson+" \t" +e.getMessage（））;

            LOG.error（"人脸识别结果入库及打点图下载异常报
错："+imageURL+" \t" +dataJson, e）;

        }

        resultMap.put（CommonConstant.RESULT, CommonConstant.
SUCCESS_CODE）;

        resultMap.put（CommonConstant.MSG, "submit successful! – " +
imageURL）;

    return resultMap;

    }

    private void loadAutoFaceAds（String imageURL, String dataJson）{

    String[] tmpList = imageURL.split（"/"）;

    String tmpBase = tmpList[ tmpList.length – 1 ];
```

```
String[] tmps = tmpBase.split（"-"）;

String iptvcode = tmps[0];

String startTimeTmp = tmps[1].split（"\\."）[0];

int startTime = Integer.parseInt（startTimeTmp）*10;

int endTime = startTime + 3;

String startTimeStr = String.format（"%02d", startTime/3600）+ ":"
        + String.format（"%02d",（startTime%3600）/60）+ ":"
        + String.format（"%02d",（startTime%60））+ ".000";

String endTimeStr = String.format（"%02d", endTime/3600）+ ":"
        + String.format（"%02d",（endTime%3600）/60）+ ":"
        + String.format（"%02d",（endTime%60））+ ".000";

JSONObject dataJSONObj = JSON.parseObject（dataJson）;

JSONArray resultList = dataJSONObj.getJSONArray（"result"）;

JSONObject result =（JSONObject）resultList.get（0）;

String uid = result.getString（"uid"）;

TAutoAds autoAds = new TAutoAds（）;

autoAds.setIptvCode（iptvcode）;

autoAds.setStarttime（startTimeStr）;

autoAds.setEndtime（endTimeStr）;

autoAds.setTagType（1）;

// 下载抽帧图片
```

```
        String suffixImage = imageURL.substring（imageURL.lastIndexOf
（"."））;

        String imageName = iptvcode+" -" +uid+" -" +startTime+" -"
+endTime +suffixImage;

        String imageDownloadURL = IMAGE_SERVER + "/" + imageURL;

        ImageDownload.imageDownload（imageDownloadURL, imageName,
IMAGE_DIR）;

        autoAds.setFramePicture（imageName）;

        // 获取演员档案

        Archives archive = archivesMapper.selectByPrimaryKey（Integer.
parseInt（uid））;

        if（archive != null）{

            autoAds.setTags（archive.getName（））;

        }
```

处理 Log 文件，把阈值大于一定分数的信息进行入库处理：

```
// 设置阈值，当识别分数大于阈值，则认为人脸识别准确

private static final double MARK_UP_SCORE = 60;

// 对 txt 文件进行处理

public void handleDataBatch（）{

    List<String> lineList = getFileList（DATA_FILE_PATH）;

    for（String line:lineList）{
```

```java
// 读取每一行数据
    String[] tmp = line.split（"\t"）;
// 判断一行信息是否为两列，第一列为图像的绝对路径，第二列为人脸识别的信息
    if（tmp.length != 2）{
        System.out.println（line+" \t 列数错误：不为两列 – "+tmp.length）;
        continue;
    }
// 获取第一列信息：图像路径
    String imageUrl = tmp[0];
// 获取第二列信息：人脸识别信息
    String dataJson = tmp[1];
    JSONObject dataJSONObj = JSON.parseObject（dataJson）;
// 记录下无效的人脸识别信息
    String error_code = dataJSONObj.getString（"error_code"）;
    if（error_code!=null && !""".equals（error_code））{
        String error_msg = dataJSONObj.getString（"error_msg"）;
        System.out.println（imageUrl+" \tjson error:"+error_code+" – "+error_msg）;
        continue;
    }
// 获取演员编号
```

```java
            Integer result_num = dataJSONObj.getInteger（"result_num"）;

        if（result_num==null || 1!=result_num）{

            String result = dataJSONObj.getString（"result"）;

                System.out.println（imageUrl+" \tjson result_num

exception:" +result_num+" -" +result）;

                continue;

            }
    // 获取

        JSONArray resultList = dataJSONObj.getJSONArray（"result"）;

        if（resultList==null || resultList.isEmpty（））{

                System.out.println（imageUrl+" \tjson result exception: result is

empty!" + dataJson）;

                continue;

            }

        JSONObject result =（JSONObject）resultList.get（0）;
    // 获取人脸识别信息中的分数

        Double score = result.getJSONArray（"scores"）.getDouble（0）;
    // 过滤掉小于阈值的图像

        if（score < MARK_UP_SCORE）{

            System.out.println（imageUrl+"\tjson result scores don't mark up: "

+ score）;
```

```
                continue;

        }


            String imagePath = imageUrl.replace（"/home/zhuangyr/
chouzhen/"，""）;
            String url = SERVER_URL + "?imageURL=" +imagePath;
    // 入库请求
            String responseStr = HttpClientUtil.doPost（url, dataJson）;
                System.out.println（imageUrl+" \t 入库请求提交结果："
+responseStr）;

        }


    }
    // 把 txt 文件按行读取保存在 List 中
    public List<String> getFileList（String filePath）{
        List<String> lineList = new ArrayList<>（）;
        BufferedReader bufReader = null;
        try {
            String line = null;
            File file = new File（filePath）;
            bufReader = new BufferedReader（new FileReader（file））;
```

```
while ((line=bufReader.readLine ( )) != null ) {

    if (line!=null && !"".equals (line)) {

        lineList.add (line);

    }

}

bufReader.close ( );

} catch (FileNotFoundException e){

e.printStackTrace ( );

} catch (IOException e){

e.printStackTrace ( );

}

return lineList;

}

}
```

最终的打点页面如图 4-4 所示。

开始时间	结束时间	标签种类	内容	动态抽帧	类别	素材	显示
00:06:13.561	00:06:26.321	明星	蒋欣	⭐			
00:09:23.201	00:09:29.641	明星	王子文	⭐			
00:10:18.441	00:10:20.521	明星	刘涛	⭐			
00:16:50.590	00:16:51.790	明星	蒋欣	⭐			
00:17:11.230	00:17:14.390	明星	蒋欣	⭐			
00:17:31.790	00:17:34.790	明星	蒋欣	⭐			
00:17:38.550	00:17:41.030	明星	蒋欣	⭐			
00:19:02.150	00:19:03.670	明星	王子文	⭐			

图 4-4　打点页面示意

4.5　小结

本章是第一个生产实例。首先对人脸识别进行了概述，然后设计了人脸识别系统，对需求、功能和模块进行了分析，紧接着在 Ubuntu 系统上部署了生产环境，并对生产环境进行了验证，最后通过脚本实现了视频源—视频源关键帧—人脸识别结果—入库页面展示的批量生产流程。

中国天眼系统已经在全国追捕逃犯中发挥了重要的现实作用，真正的"法网恢恢，疏而不漏"！

第 5 章
车辆识别

5.1 概述

车辆识别技术在当今这个交通运输发展迅速的时代具有很重要的地位，也是开创未来无人驾驶技术、智能汽车技术不可或缺的基础。我国在车辆识别技术方面的研究起步较晚，技术较为落后，但是最近几年国内的互联网公司都开始投入精力研究无人驾驶技术，车辆识别也成为不可或缺的技术因子。另外，随着我国交通物流智能化水平不断提高，道路交通管理的科技化、自动化技术的不断改进，基于图像和视频的车辆识别技术将会有广阔的应用前景。

5.2 系统设计

5.2.1 需求分析

对影视剧中抽帧出的图片进行过滤，将其中含有车辆的图片识别出来并加以标识，考虑使用 SSD 模型进行车辆识别定位来解决上述问题无疑是最佳的选择，把最终需要解决的问题进行细化分析，整体过程可以分为以下 3 个步骤。

步骤 1 对下载的视频进行抽帧。输入一个 ts 格式的视频，输出若干有规律的图像帧，即图像帧的命名规则与该帧在源视频中具体的时间点有一一对应关系。

步骤 2 车辆识别。使用 SSD 模型对抽取的图像帧进行车辆识别，从而验证该影视剧中是否出现过该车辆以及出现的时间等信息。

步骤 3 把所有标注的车辆信息进行保存，与用户画像标签结合之后，可作为动态互动广告应用平台的用户行为建模分析的源数据。

5.2.2 功能设计

根据上面对整体过程的分析，该车辆识别系统应该具备视频抽帧、车辆识别和信息标注的功能。该系统的功能结构如图 5-1 所示。

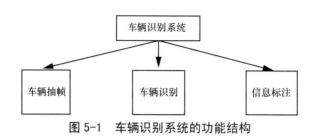

图 5-1　车辆识别系统的功能结构

其中各功能的具体设计如下。

（1）视频抽帧功能

要对视频中的车辆进行识别，最直接的方法是利用物体识别算法直接对视频进行实时分析，然后输出有视频图像的识别结果。但是，由于视频本身的信息太过冗余，对视频识别算法要求比较高等，所以先对视频进行预处理，对视频以一定的频率进行抽帧，然后通过视频识别算法对抽取的图像进行处理，是一个不错的选择。

（2）视频识别功能

视频识别功能作为视频识别系统的核心功能，需要具备识别速度快、识别精度高等特点。

（3）信息标注功能

信息标注功能的主要作用是记录下识别出的视频图像信息，以供后续使用。

5.2.3　模块设计

车辆识别系统模块包含视频抽帧模块、车辆识别模块和信息标注模块。各模块之间的关系如图 5-2 所示。

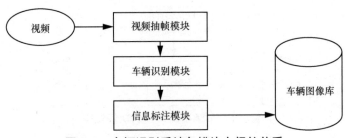

图 5-2　车辆识别系统各模块之间的关系

（1）视频抽帧模块

与人脸识别相同，不再赘述。

（2）车辆识别模块

车辆识别模块通过训练好的模型，与抽帧的图片进行对比，将识别出的车辆图片信息标注出来，并通过设置阈值来获取最有可能的车辆图片信息。

（3）信息标注模块

车辆识别系统的最终目的就是识别输出车辆图像，而信息标注模块整合了车辆识别模块所识别的信息。

5.3　系统生产环境部署及验证

5.3.1　生产环境部署

（1）生产环境

系统环境：Ubuntu 16.04。

开发环境：Python 3.6.2、Anaconda3 5.0.0、TensorFlow 1.4.0。

（2）抽帧环境部署

抽帧环境部署跟人脸识别系统是一样的，这里不再赘述。

5.3.2　项目部署

项目部署环境还是比较简单的，主要是安装一些系统环境依赖和下载项目源码，对 TensorFlow 的环境部署详见第 3 章，这里不再赘述。

（1）准备系统环境

```
sudo apt-get install python-minimal

sudo apt-get install python-pip

sudo pip install - upgrade pip

sudo apt-get install git

sudo apt-get install cmake

sudo apt-get install libboost-dev

sudo apt-get install libboost-python-dev
```

（2）下载 SSD-TensorFlow 项目源代码

在任意目录下执行如下命令，下载项目：

```
$ git clone https://github.com/balancap/SSD-Tensorflow
```

（3）安装 OpenCV-Python 依赖包

图像识别是通过用图形工具 OpenCV 来实现的，以前安装 OpenCV 的方式是非常复杂的，需要源代码编译和链接 so 文件；现在很方便，只需要安装 OpenCV–Python 依赖包即可。

这里需要注意的是，由于使用的是 Anaconda 的 Python 环境运行我们的项目，所以不能直接用 sudo pip 命令（Ubuntu 使用 pip 命令不加 sudo 会有权限不足的问题，一般还是尽量加 sudo）安装项目，因为 Ubuntu 会使用系统默认的 Python 环境安装，这时候有两种办法解决这个问题。

● 推荐使用 Anaconda 自带的 conda 命令进行安装，使用方法和 pip 几乎一样，所以不用担心有任何的不习惯。由于国内网速不稳定，推荐使用国外的下载源。

● conda 的镜像库在笔者多次使用后发现有些依赖包还是无法下载或者没有，一方面可能是网络原因，另一方面可能是 conda 的镜像库收录的依赖不够多。如果出现这种情况，还是得依靠原生的 pip 命令去安装，这里建议的做法是直接进入 Anaconda 的安装路径的 bin 目录下，使用目录下的 pip 命令进行安装。

5.3.3 环境验证

测试 OpenCV 安装依赖是否成功：

```
$ python
Python 3.6.1 |Anaconda custom（64–bit）|（default, Sep 22 2017, 02:03:08）
[GCC 7.2.0] on linux
Type "help" , "copyright" , "credits" or "license" for more information.
```

```
>>> import cv2

>>>
```

其他依赖包 Anaconda 默认都有，如果有其他依赖错误，请自行使用
conda 命令或者 pip 命令下载。

5.4 批量生产

验证完毕，我们开始进行生产环节。

（1）抽帧。把一个下载好的视频，利用 FFmpeg 每 10 s 抽 1 帧来抽取
图像帧，保存在以 mediacode 命名的文件夹内。

抽帧的脚本：getFrame.sh：

```
#!/bin/bash
#result.txt 中保存下载好视频的文件名，一行一个文件名，也即
mediacode，先读取每一行 mediacode
for inputname in `cat ../chouzhen/result.txt`
do
# 为每一个 mediacode 创建一个抽帧时保存的文件夹
mkdir /home/gsta/output_chouzhen/$inputname
# 抽帧命令，$inputname.ts 为视频源 $inputname-%3d.jpeg 为保存的图
像帧名字
```

```
ffmpeg –i /home/gsta/lianxuju/storage/$inputname.ts –f image2 –r 0.1 /home/
gsta/output_chouzhen/$inputname/$inputname–%3d.jpeg
# 把抽完帧的 mediacode 保存在 chouzhen.log 路径中
echo –e "$inputname" >> /home/gsta/chouzhen–log/chouzhen.log
done
```

（2）把需要进行识别的从 mediacode 中抽取出来的图像帧的绝对路径写到一个文件中，脚本为 allImagePath.py，如下：

```python
#! /usr/bin/env python
# encoding: utf–8
import os
num=' 1 ';
# 输入：需要进行人脸识别的 mediacode 的 txt 文件
filename = '/home/zhuangyr/txt/in/lianxuju_round1_'+num+'.txt'
# 输出：上面这个 txt 对应的已经抽好帧的图像的路径
imagePath = '/home/zhuangyr/txt/out/lianxuju_round1_'+num+'_imagePath.txt'
# 输出：没有抽完帧的 mediacode
unfinishedFrameMediacode = '/home/zhuangyr/txt/out/lianxuju_round1_'+num+'_unFinshedFrMc.txt'
f = open（filename）
f1 = open（imagePath,' w+'）
```

```
f2 = open（unfinishedFrameMediacode,' w+'）

mediaCodes = f.readlines（）

#print mediaCodes

for mediaCode in mediaCodes:

    # 去除该行的换行符

    mediaCode = mediaCode.rstrip（'\n'）

    mediaCode = mediaCode.rstrip（'\r'）

    mediaCodeRootPath = '/home/zhuangyr/chouzhen/lianxuju/'

    # 得到每一步 mediaCode 的绝对路径

    mediaCodePath = mediaCodeRootPath + mediaCode

    # 判断在 chouzhen/lianxuju/ 是否有这个 mediacode，也即是否抽帧完成

    if not os.path.isdir（mediaCodePath）:

      f2.write（mediaCode+' \n'）

    # print mediaCode

    # 得到每一步 mediaCode 的绝对路径

    # print mediaCodePath

    # 获取该路径下的所有图像

    else:

      imgs = os.listdir（mediaCodePath）

      imgNum = len（imgs）

    # print imgNum
```

```
    for i in range（imgNum）:

        imgPath = mediaCodePath + '/' + imgs[i]

        f1.write（imgPath+' \n'）

        #print imgPath

      # print line

    f.close（）

    f1.close（）

    f2.close（）
```

（3）运行车辆识别脚本 recognize_car.py：

```
import sys

import tensorflow as tf

import cv2

import matplotlib.cm as mpcm

from nets import ssd_vgg_300, np_methods

from preprocessing import ssd_vgg_preprocessing

sys.path.append（'./SSD-Tensorflow/'）

gpu_options = tf.GPUOptions（allow_growth=True）

config = tf.ConfigProto（log_device_placement=False, gpu_options=gpu_

options）

sess = tf.InteractiveSession（config=config）

slim = tf.contrib.slim
```

```
l_VOC_CLASS = [

    'aeroplane', 'bicycle', 'bird', 'boat', 'bottle',

    'bus', 'car', 'cat', 'chair', 'cow',

    'diningTable', 'dog', 'horse', 'motorbike', 'person',

    'pottedPlant', 'sheep', 'sofa', 'train', 'TV'

]
```

定义数据格式

```
net_shape =（300, 300）

data_format = 'NHWC' # [Number, height, width, color]，TensorFlow
```
backend 的格式

预处理，以 TensorFlow backend，将输入图片大小改成 300×300 像素，作为下一步输入

```
img_input = tf.placeholder（tf.uint8, shape=（None, None, 3））

image_pre, labels_pre, bboxes_pre, bbox_img = ssd_vgg_preprocessing.
preprocess_for_eval（

    img_input,

    None,

    None,

    net_shape,

    data_format,

    resize=ssd_vgg_preprocessing.Resize.WARP_RESIZE
```

```
)
image_4d = tf.expand_dims（image_pre, 0）
# 定义 SSD 模型结构
reuse = True if 'ssd_net' in locals（）else None
ssd_net = ssd_vgg_300.SSDNet（）
with slim.arg_scope（ssd_net.arg_scope（data_format=data_format））:
    predictions, localisations, _, _ = ssd_net.net（image_4d, is_training=False,
reuse=reuse）
# 导入官方给出的 SSD 模型参数
ckpt_filename = './model/ssd_300_vgg.ckpt'
sess.run（tf.global_variables_initializer（））
saver = tf.train.Saver（）
saver.restore（sess, ckpt_filename）
# 在网络模型结构中，提取搜索网格的位置
ssd_anchors = ssd_net.anchors（net_shape）
def colors_subselect（colors, num_classes=21）:
    dt = len（colors）// num_classes
    sub_colors = []
    for i in range（num_classes）:
        color = colors[i * dt]
        if isinstance（color[0], float）:
```

```
            sub_colors.append（[int（c * 255）for c in color]）

        else:

            sub_colors.append（[c for c in color]）

    return sub_colors

def bboxes_draw_on_img（img, classes, scores, bboxes, colors, thickness=2）:

    shape = img.shape

    for i in range（bboxes.shape[0]）:

        bbox = bboxes[i]

        color = colors[classes[i]]

        xmin = int（bbox[1] * shape[1]）

        xmax = int（bbox[3] * shape[1]）

        ymin = int（bbox[0] * shape[0]）

        ymax = int（bbox[2] * shape[0]）

        p1 =（ymin, xmin）

        p2 =（ymax, xmax）

        cv2.rectangle（img, p1[::−1], p2[::−1], color, thickness）

        if l_VOC_CLASS[int（classes[i]）− 1] == 'car':

            print（'%s,%.3f,%s,%s,%s,%s' %（l_VOC_CLASS[int（classes[i]）−
1], scores[i], xmin, xmax, ymin, ymax））

            break

    colors_plasma = colors_subselect（mpcm.plasma.colors, num_classes=21）
```

```
def process_image（img, select_threshold=0.3, nms_threshold=.8, net_
shape=（300, 300））：

    rimg, rpredictions, rlocalisations, rbbox_img = sess.run（[image_4d,
predictions, localisations, bbox_img],

                                        feed_dict={img_input: img}）
    rclasses, rscores, rbboxes = np_methods.ssd_bboxes_select（
    rpredictions, rlocalisations, ssd_anchors,
    select_threshold=select_threshold, img_shape=net_shape, num_
classes=21, decode=True）
    rbboxes = np_methods.bboxes_clip（rbbox_img, rbboxes）
    rclasses, rscores, rbboxes = np_methods.bboxes_sort（rclasses, rscores,
rbboxes, top_k=400）
    rclasses, rscores, rbboxes = np_methods.bboxes_nms（rclasses, rscores,
rbboxes, nms_threshold=nms_threshold）
    rbboxes = np_methods.bboxes_resize（rbbox_img, rbboxes）
    bboxes_draw_on_img（img, rclasses, rscores, rbboxes, colors_plasma,
thickness=8）
    return img
if __name__ == '__main__'：
if len（sys.argv）!= 2：
    print（'图片地址参数不存在'）
```

```
    exit（1）

img = cv2.imread（sys.argv[1]）

img = cv2.cvtColor（img, cv2.COLOR_BGR2RGB）

process_image（img）
```

执行上述代码，验证测试图片：$ car，0.989，0，1256，389，1044。

输出结果，识别为车，相似度为 98.9%，效率非常高。

5.5　小结

本章我们将 SSD 模型的物体识别运用到生产，来达到我们识别影视剧中出现的车辆的目的，类比车辆，我们可以将其运用到生活的方方面面，当然这只是深度学习中很普通的例子，但却实实在在地解决了我们工作中的问题。

随着汽车识别技术的日益完善，我们可以把物体识别应用于电视动态广告运营之中了！

第6章
不良视频识别

6.1　概述

　　随着互联网，尤其是移动互联网应用的飞速发展，互联网上各类信息呈现指数级的增长，而网络各类信息繁杂且良莠不齐。在这些快速增长的信息内容中，就有大量的色情、暴力等不良内容，这些不良内容的传播严重影响了网民（尤其是日益低龄化的网民）的身心健康。有研究表明，青少年心智发展不成熟，对不良信息缺乏抵抗力，一旦接触，很可能深陷其中不能自拔，甚至使他们产生厌学、暴力、叛逆的倾向，引发一系列社会问题。

　　我国颁发了相关的法律，组织了声势浩大的"扫黄打非"专项行动，取得了显著的效果。而不良内容监测和过滤等技术，是其中不可或缺的手段和措施。当前主要的技术手段是域名过滤、关键字过滤以及图像识别过滤。前两种方案有相当的局限性，而图像识别过滤具有良好的实用性和适用性。

基于图像识别的不良图像过滤主要是通过提取图像的视觉特征，比如皮肤颜色的占比、关键躯干部位的特征轮廓以及图像局部特征描述等对图像进行识别。早期不良图像的识别主要是通过图像的皮肤颜色特征进行提取，计算皮肤颜色相关区域的面积占比、连通区域个数来识别不良图像。这种基于皮肤颜色的方法准确度较低且计算简单，适合识别一些简单的图像，对于稍微复杂的场景就无法识别了。近年来使用图像的皮肤区域、形状信息、局部特征提取的方案，得到了相当程度的发展，特别是引入了深度学习的框架和模型，以 Caffe 为代表的机器学习框架得到了广泛的应用和实践。

6.2 不良图片模型简介

本节将先采用基于皮肤颜色比例的算法进行粗筛选，然后再采用雅虎开源软件 Caffe-Open-NSFW 进一步把疑似图片做深入识别和判断。

（1）基于皮肤颜色比例的粗筛选模型

基于 YCbCr 皮肤颜色比例的算法简述如下：由于在不同光照环境下，RGB 颜色空间会因为其不同的明暗度，影响较大，在这个空间内做肤色识别,效果不好。而在 YCbCr 颜色空间中,Y 代表亮度,Cb 代表蓝色色度向量,

Cr 表示红色色度向量，具有亮度与色度分离的优点，肤色类聚度较好，可以取得较好的识别效果。

根据一般经验值，设置判断条件为：$97.5 \leqslant Cb \leqslant 142.5 \ \& \ 134 \leqslant Cr \leqslant 176$。

基本分析过程如下：

- 遍历图片中的每个像素，按照上述约束条件检测像素颜色是否为肤色；
- 将相邻的肤色像素归为一个皮肤区域，得到若干个皮肤区域；
- 去除背景或其他特殊情景识别。

不良图片判定条件为：皮肤区域的像素与图像所有像素的比值大于 30%。

（2）Caffe-Open-NSFW 模型简介

雅虎的模型主要基于 Caffe 框架实现，采用有监督的学习方式，对不良图片和正常图片进行标识，然后投入 Caffe 模型进行分类学习和计算。NSFW 模型先用了 ImageNet 1000 数据集做了预训练，然后采用 "finetune" 工具，对 NSFW 的数据集进行再训练，微调了权重值。采用 ResNet 50 框架用于预训练的网络并引入残差网络对模型进行修正。

在具体的模型实现过程中，雅虎的 NSFW 在具体实现过程中，引入了 ResNet 网络改善过拟合的问题，并在执行效率与精确性之间做了取舍权衡。在训练模型过程里，从下面的一些模型和框架做了评估和取舍，选择了 ResNet-50-thin 模型，在每一层只选择了一半的滤波器用于模型计算，兼顾效率和精确度。

Caffe 基本流程如图 6-1 所示。

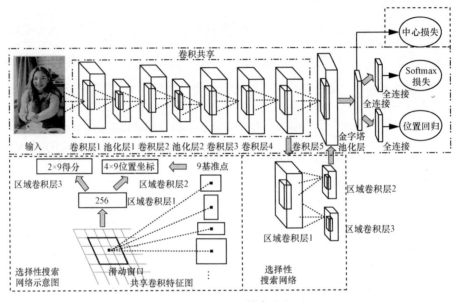

图 6-1 Caffe 基本流程

6.3 系统设计

本系统将对视频库内所有影视节目进行监测分析，对其字幕、视频流的内容进行提取，并形成视频检测扫描报告。该系统具备以下功能。

（1）视频内容库节目元数据分析功能

基于互联网数据的爬取及分析功能，根据影片的评价及内容分级信息进行筛选，将潜在的风险影片列入检测分析数据队列。

（2）视频预处理功能

对视频流进行抽帧处理，抽取 I 帧将要检测的图片序列。

（3）图片预处理功能

对所抽取的 I 帧图片，进行肤色比例的快速检测，对于疑似不良图片进行筛选，进入二次待检序列。

（4）不良图片检测

采用 Caffe 的不良图片预训练模型，进行图片推理。将分值高于 0.85 的图片列出，根据图片的标签信息（含影片 ID、时间戳），对目标影片做标识。

系统框架如图 6-2 所示。

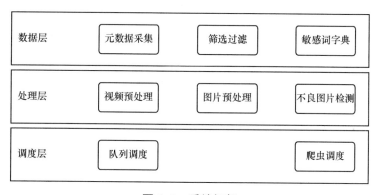

图 6-2　系统框架

6.4　系统部署及系统测试验证

本系统部署于 4 台服务器之上。2 台 CentOS 6.5 服务器分别用于视频预处理、图片预处理，1 台带 GPU 的 Ubuntu 16 的服务器用于 Caffe 模型下的不良图片检测，1 台 Windows Server 8 用于对接视频元数据分析及检测队列管理。不良图片识别系统部署示意如图 6-3 所示。

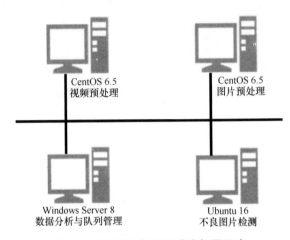

图 6-3　不良图片识别系统部署示意

下面重点简述 Ubuntu 服务器下，不良图片检测系统的搭建。

（1）完成 Caffe 环境部署，详见本书的第 3.1 节。包括依赖包安装以及环境变量的修改、验证等。

（2）将 Open-NSFW 代码从 GitHub 中下载：

git clone https://github.com/yahoo/open_nsfw

（3）Caffe 编译，注意带上 GPU 编译选项。

（4）验证生产环境：

python ./classify_nsfw.py\

– model_def nsfw_model/deploy.prototxt

– pretrained_model nsfw_model/resnet_50_1by2_nsfw.caffemodel ./test1.jpg

 ## 6.5　批量生产

6.5.1　批量节目元数据信息检索与筛选

在节目元数据系统中，按照爬虫获取的影片分级字段进行筛查，将 NC–17、R 级，或者影片标签为香艳、情色等字段的影片做筛选。

以影片《大开眼戒》为例，以下是网络爬虫入库信息：

《大开眼戒》

出品时间　1998 年

出品公司　华纳兄弟公司（美国）

发行公司　华纳家庭视频公司（美国）

制片地区　美国、英国

制片成本　6 500 万美元

导　　演　斯坦利·库布里克

编　　剧　亚瑟·施尼茨勒

制 片 人　简·哈兰

类　　型　剧情、爱情、惊悚、悬疑

主　　演　汤姆·克鲁斯，妮可·基德曼，西德尼·波拉克

片　　长　159 分钟

上映时间　1999 年 7 月 13 日（美国）

分　　级　USA：R 级

根据其分级信息筛查到该片属于 R 级，放入不良视频筛检队列。

6.5.2　基于 FFmpeg 的 SDK 抽取视频 I 帧

根据本项目需要，通过其 SDK 对视频做对应的处理，批量抽取 I 帧作为分析对象。

以下是抽取 I 帧的 SDK 关键代码节选：

```
pFrame=avcodec_alloc_frame（）；

pFrameRGB = avcodec_alloc_frame（）；

numBytes=avpicture_get_size（PIX_FMT_BGR24,

pCodecCtx->width,pCodecCtx->height）；

buffer=new uint8_t[numBytes];

 avpicture_fill（（AVPicture *）pFrameRGB, buffer, PIX_FMT_
RGB24,pCodecCtx->width, pCodecCtx->height）；

 pSWSCtx = sws_getContext（pCodecCtx->width, pCodecCtx->height,
pCodecCtx->pix_fmt, pCodecCtx->width, pCodecCtx->height, PIX_FMT_
RGB24, SWS_BICUBIC, NULL, NULL, NULL）；

 i=0;

while（av_read_frame（pFormatCtx,&packet）>=0）

{
```

```
if（packet.stream_index==videoStream）
{
    avcodec_decode_video（pCodecCtx, pFrame, &frameFinished,packet.
data, packet.size）；
    if（frameFinished）
    {
        if（pFrame->key_frame==1）// 判断是否为关键 I 帧
        {
            sws_scale（pSWSCtx, pFrame->data, pFrame->linesize,0,
pCodecCtx->height, pFrameRGB->data, pFrameRGB->linesize）；
            // 保存到磁盘
            char pic[200];
            sprintf（pic," pic%d.bmp" ,i）；
            i++;
            av_create_bmp（pic,pFrameRGB->data[0],pCodecCtx-
>width,pCodecCtx->height,24）；
        }
    }
    av_free_packet（&packet）；
}
```

6.5.3　基于肤色比例检测的快速筛查

快速肤色比例检测的核心代码如下：

```
import sys,PIL.Image as Image

img = Image.open（sys.argv[1]）.convert（'YCbCr'）

w, h = img.size

data = img.getdata（）

cnt = 0

for i, ycbcr in enumerate（data）:

 y, cb, cr = ycbcr

 if 97.5<= cb <= 142.5 and 134 <= cr <= 176:

  cnt += 1

if cnt > w * h * 0.3:

  print 'this file is sex picture'

else:

  print 'this file is normal picture'
```

在生产过程里，我们采用批量处理脚本的方式，将检测到的关键结论写入日志信息，再由队列管理系统调度到下一环节。

6.5.4　基于 Caffe 框架的不良图片检测

通过前台队列调度系统，将疑似图片送入不良图片检测模块，进行批量处理。其结果以 JSON 日志方式存放，并导入数据库。

以下是 JSON 数据实例：

```
{

    "ContentID"："3a4edc5945a011e7add8c001e5bf66e3"，

    "ProgrameName"："速度与激情 6（英文原版）"，

    "img001.jpg"：{

      "NSFW Score"："0.147895455"

      "TimeStamp"："00:01:23"

    }

    "img002.jpg"：{

      "NSFW Score"："0.392344515"

      "TimeStamp"："00:03:22"

    }

}
```

6.6　小结

本章首先概述了不良视频识别的必要性，介绍了雅虎开源软件 Caffe-Open-NSFW 的模型，紧接着设计了不良视频识别系统，然后在服务器上搭建了生产环境并进行了系统测试验证，最后对任务进行批量生产。

以往靠人工审核不良内容的方式必将被 AI 所取代，AI 鉴黄师正式

上岗！

第 7 章
集群部署与运营维护

在本书的第 3 章中，分别介绍了 Caffe、TensorFlow、Torch 3 个主流的深度学习框架的环境部署以及在各自框架下的实例，其中 Caffe 框架由于依赖项过多，给初学者的印象一般都是安装步骤烦琐、编译调试通过难。如果有一项业务需要在集群中运行，是不是需要在所有服务器中都分别安装深度学习环境呢？答案当然是否定的，Docker 的出现解决了集群部署的问题。

7.1 认识 Docker

Docker 属于众多开源引擎中受关注度比较高的一个，可以把 Docker 简单地理解为容器，它的一个核心优点正是能快速地为任何应用创建容器，应用打包在容器中，还具有轻量级、可移植性、自给自足的特点。然后开发者就可以把编译测试通过的容器（应用）批量地在生产环境中进行部署。Docker 的图标很形象地诠释了它的概念。如图 7-1 所示，Docker 的图标是由海上的一条鲸鱼以及其背上的若干集装箱组成的。这个大鲸鱼就是操作系统，上面的集装箱就是容器，封装了需要部署的应用程序。由于集装箱所具备的特点，而无须考虑各个不同的应用的部署环境，更令人兴奋的是，在部署不同的应用程序时，各应用程序所依赖的环境也不会发生冲突。

图 7-1　Docker 图标

Docker 主要由 Docker Client、Docker Daemon、Docker Images、Docker Registry、Docker Container 等组件构成。

Docker Client 是 Docker 客户端，用户通过客户端里的终端，进行命令的输入，与运行在后台的 Docker 守护进程进行通信，起到管理本地或者远程的服务器的作用。

Docker Daemon 是 Docker 服务的守护进程组件，如果在安装了 Docker 的物理机或者虚拟机上查看线程，就能发现服务器后台程序都运行着

Docker Daemon，该进程用于监听 Docker Client 发出的指令，从而对服务器进行具体操作。

Docker Images 组件意为 Docker 的镜像，是 Docker 容器运行时的只读模板，该模板里包含了一系列的层。Docker 再通过 UnionFS 将模板中的层联合到单独的镜像中。前面在介绍 Docker 的特点时，提到 Docker 具有轻量化的特性，其实就是由于这些层的存在。当你修改了一个 Docker 镜像，比如说把 Docker 其中的一个程序升级版本号时，其实是创建了一个新的层，而不需要重新替换原先的镜像，对于其内部而言，仅仅是一个新的层被添加了，可以看出来，层的存在使得分发 Docker 镜像变得简单并且快速。

133

Docker Registry 是存储 Docker Images 的仓库，与 git 的仓库相类似，它的主要功能是管理 Docker 镜像。比如说镜像的上传、下载和浏览功能，通过账户管理，可以创建自己可见的私人 Image，这些都是要通过 Docker Registry 组件来实现的。Dock Hub 是 Docker 提供的官方 Registry。

Docker Container 意为 Docker 的容器，包含了项目能正常运行的软硬件环境，所以说这个组件是 Docker 最核心的构成部分，是因为 Docker 容器才是真正运行项目程序的地方，它提供服务，同时消耗机器资源。Docker Container 是通过 Docker Images 启动的，在此基础上运行项目的代码。这其中，Docker Container 提供了系统运行的硬件环境，然后使用了 Docker Images 这些制作好的系统盘，再加上项目代码，运行起来就能提供服务。

7.2 基于 Docker 的 TensorFlow 实验环境

TensorFlow 是谷歌推出的开源的分布式机器学习框架，作为 GitHub 社区上最受关注的机器学习项目，该框架提供了多种安装方式，配置也相对简单，但是从第 3 章的 TensorFlow 环境搭建中可以看出，对于初学者而言，从零开始搭建一个 TensorFlow 学习环境仍然具有一些挑战。下面通过 TensorFlow 提供了基于 Docker 的部署方式，介绍一种更快速上手的方式。看完之后，你会惊讶于 Docker 的强大，对它爱不释手。

（1）准备 Docker 环境

根据 Docker 官网（http://www.docker.com/products/docker）的安装说明以及自己的操作系统，安装好 Docker 环境。安装 Docker 的操作系统必须满足 64 bit 架构的系统和 Linux 3.10 内核或更高版本。本文采用的操作系统使用了 Ubuntu 16.04 系统的 3.19 内核版本。

运行安装 Docker 的命令：

```
sudo apt-get install -y docker.io
```

安装完毕之后，使用下面的命令启动 Docker：

```
systemctl start docker
```

运行系统引导时启用 Docker，命令：

```
systemctl enable docker
```

安装好后，在客户端中就有 Docker 的命令了，这个命令就是上面介绍的第一个 Docker 组件——Docker Client。所有的操作都是通过这个界面使用 Docker 命令完成的。比如：Docker Version，查看 Docker 的版本。

（2）本地环境搭建

如果你经常在 GitHub 上查找关于深度学习的源代码，那么可以发现在上面有很多与 TensorFlow 相关的学习资料，下面通过 TensorFlow-Examples 这个教程对 TensorFlow 进行介绍。

首选获取 TensorFlow-Examples 的源代码：

```
git clone https://github.com/denverdino/TensorFlow-Examples

cd TensorFlow-Examples
```

下载好 TensorFlow 的源代码之后，再把 TensorFlow 的执行环境安装好，通过配置 "jupyter" "tensorboard" 进行交互操作。

在当前目录，创建如下的 docker-compose.yml 模板：

```
version: '2'

services:

 jupyter:

  image: registry.cn-hangzhou.aliyuncs.com/denverdino/tensorflow:1.0.0

  container_name: jupyter

  ports:

   - "8888:8888"

  environment:
```

```
        – PASSWORD=tensorflow

    volumes:

        – "/tmp/tensorflow_logs"

        – "./notebooks:/root/notebooks"

    command:

        – "/run_jupyter.sh"

        – "/root/notebooks"

tensorboard:

    image: registry.cn–hangzhou.aliyuncs.com/denverdino/tensorflow:1.0.0

    container_name: tensorboard

    ports:

        – "6006:6006"

    volumes_from:

        – jupyter

    command:

        – "tensorboard"

        – "––logdir"

    – "/tmp/tensorflow_logs"

        – "––host"

        – "0.0.0.0"
```

然后创建 TensorFlow 的学习环境：

```
docker-compose up -d
```

检查 Docker 容器内是否包含了 TensorFlow-Examples：

```
docker-compose ps
```

接下来可以直接通过 http://127.0.0.1:8888/ 从浏览器中访问 TensorFlow 的 Jupyter 交互实验环境。

通过上面的步骤，利用 Docker 和阿里云容器服务轻松在本地搭建了 TensorFlow 的学习环境。Docker 作为一个标准化的软件交付手段，可以大大简化应用软件的部署和运维复杂度。阿里云容器服务支持以 Docker Compose 的方式进行容器编排，并提供了众多扩展，可以方便地支持基于容器的微服务应用的云端部署和管理。

137

7.3　运营维护

运营维护主要为客户提供优质的网络运行管理、系统监测优化、技术支持服务。保证网络设施的稳定性、可靠性、安全性，确保应用系统的可用性和业务连续性。

（1）日常维护

主要进行设备维护、网络管理、状态监控、硬件优化、系统优化、灾难恢复等。

（2）技术支持

主要解决用户在设计、部署、建设、运行等过程中所遇到的技术问题，提供咨询、方案编写、技术支援等服务。

（3）故障处理

主要是在出现故障时，根据故障等级采取相应的措施，及时排除故障。

7.4　小结

本章首先由深度学习框架部署的复杂性，引出了 Docker 容器，介绍了 Docker 的主要构成组件及其优点，然后以 TensorFlow 为例，详细介绍了基于 Docker 的 TensorFlow 实验环境部署。最后简单介绍了运营维护所需要注意的要点。

138

随着 AI 技术的不断发展，无人驾驶在未来将走入寻常人家！

参考文献

[1]　赵永科 . 深度学习 : 21 天实战 Caffe[M]. 北京 : 电子工业出版社 , 2016.

[2]　尹宝才 , 王文通 , 王立春 . 深度学习研究综述 [J]. 北京工业大学学报 , 2015(1): 48–59.

[3]　深 度 学 习 资 料 整 理 [EB/OL]. [2017–11–01]. https://www.cnblogs.com/ tychyg/p/5313094.html.

[4]　OpenCV 3.3.0[EB/OL]. [2017–11–01]. https://github.com/opencv/opencv/ releases/tag/3.3.0.

[5]　Caffe[EB/OL]. [2017–11–01]. http://caffe.berkeleyvision.org/installation. html.

[6]　Caffe: a fast open framework for deep learning[EB/OL]. [2017–11–01]. https://github.com/bvlc/caffe.

[7]　Computation using data flow graphs for scalable machine learning[EB/OL]. [2017–11–01]. https://github.com/tensorflow/tensorflow.

[8]　Torch[EB/OL]. [2017–11–01]. https://github.com/torch/.

[9]　Face recognition with deep neural networks[EB/OL]. [2017–11–01]. https:// github.com/cmusatyalab/openface.

[10]　Docker 中 文 [EB/OL]. [2017–11–01]. http://www.docker.org.cn/book/ docker/what–is–docker–16.html.

[11] HINTON G E, OSINDERO S, TEH Y W. A fast learning algorithm for deep belief nets[J]. Neural Computation, 2014, 18(7): 1527–1554.

[12] BENGIO Y, COURVILLE A, VINCENT P. Unsupervised feature learning and deep learning: a review and new perspectives[J]. arXiv:1206.5538v1, 2012.

[13] 10 breakthrough technologies 2013 [EB/OL]. [2017–11–01]. https://www.technologyreview.com/lists/technologies/2013/.

[14] ABADI M, BARHAM P, CHEN J, et al. TensorFlow: a system for large-scale machine learning[C]//12th USENIX conference on Operating Systems Design and Implementation, November 2–4, 2016, Savannah, GA, USA. New York: ACM Press, 2016.

[15] 冯建洋, 谌海云. 基于人工神经网络的人脸识别研究 [J]. 自动化与仪器仪表, 2017(5): 24–26.

[16] TIIDENBERG K. Boundaries and conflict in a NSFW community on Tumblr: the meanings and uses of selfies[J]. New Media & Society, 2015, 18(8): 308–312.

[17] SCHERER D, SCHULZ H, BEHNKE S. Accelerating large-scale convolutional neural networks with parallel graphics multiprocessors[J]. Lecture Notes in Computer Science, 2010(6354): 82–91.